优雅是唯一不会褪色的美

李一　著

電子工業出版社
Publishing House of Electronics Industry
北京·BEIJING

序一：有点意思

身为一名生活中并不怎么“精致”的男性相声演员，我真的没有想到，有一天会为一本关于女性优雅生活方式的书写序。但是，当李一找到我聊起来这件事的时候，忽然又觉得一切都变得合理，毕竟作为同学与多年朋友，我也算是作者的“成长见证人”之一吧。

上学时，李一就是我们班的班长，印象中的她一直是一位做事雷厉风行，性格爽朗大方的北京姑娘。中学时她就在报刊上发表过诗歌、散文，大学时她的作品经常刊登在文学期刊上，后来她又成为时尚杂志的专栏作家……一直以来，她与文字的缘分从未间断，她不仅擅长写作、懂时尚、懂生活，而且头脑清晰，非常有幽默感。或许因为我一直都在从事相声表演与主持工作，“幽默”对我来说是钻研学习的一个重点，所以，我对谈吐有趣的人印象更好，毕竟幽默就是一种生活的艺术。

记得有一句话这样说：“最高级的情商是用幽默的方式过生活。”

再来说说这本书吧，在没看过文字内容的时候，我以为这就是一本精美的、温柔的、优雅的、适合女生阅读的书籍，但看过之后，我心中已有所改观。当然不是说它不优美，而是说它美得有内涵。书中有许多实用、有趣、贴近生活的内容，在日常生活中如何养成优雅得体的言行举止，不光是女性要了解，在我看来男性也应该学一学。书中还记录了很多小故事，读起来相当有意思，就像是每一天都可能发生在你我周遭的事一样。

从小事中窥见道理，源于生活而高于生活，这正是我所欣赏的方式。

很开心也很荣幸能为同窗好友的新书写序，希望未来还能看到更多她的著作，也希望她能一直以积极快乐的阳光心态来发现生活中的美好。

应宁

相声演员、主持人

序二：你不该错过的淑女社交指南

优雅，是一个十分美好却仿佛又有些距离感的词汇。印象中“优雅淑女”的形象应该像奥黛丽·赫本或是苏菲·玛索，妆容精致，身穿华丽的礼服，手拿坤包与香槟跻身社交酒会或是出席典礼，如同电影情节或时尚大片中展示的那样。但事实上，那样的淑女不过是飘在云端的一个固化形象，真正的优雅，就存在于我们日常的一举一动之中。

在《时尚COSMO》杂志工作的这些年，我们一直没有停止对于潮流与现代女性话题的探索，也打造过很多与之相关的内容。不管时代如何变化，“优雅”始终是都市主流女性青睐与追求的风格。尽管我们身处在一个求新求变、放飞自我的年代，杂志、网络、新媒体也在不断推陈出新，讲述时尚领域的新规则、新玩法……但当你把时尚从云端拉入现实生活当中时，就会发现只有“优雅”才是都市淑女永恒的通行证。

当得知李一将要出版一系列有关女性优雅生活方式的书籍时，我十分开心！李一是与《时尚COSMO》合作已有8年的资深撰稿人，我们曾一起创作过很多精彩的专题内容，并且也成为工作与生活中的朋友。这本书汇聚了她对于时尚、优雅、生活方式以及女性内心成长的观察心得，分析了广大女性在追求时尚中经常出现的误区，贴合当代都市女性生活与工作的真实场景，以新鲜、有趣的视角与文字来解读女性关心的问题。

书中按不同主题划分了6个章节，涉及生活中的方方面面，比如护肤保养、职场礼仪、用餐、旅行，甚至是微信和朋友圈的“潜规则”，所有的内容都非常贴近我们当下的生活，读起来相当轻松，可以说是一本贴心、有趣、实用的淑女社交指南。

宛露

《时尚COSMO》资深编辑

自序：岁月从不败美人

某一次，在开往异地的列车上，对面坐着的两位女士引起了我的注意。

年轻的女子从进入车厢便吸引了众人的目光，她很漂亮，金棕色的长发垂在胸前，紧身连衣裙勾勒出凹凸有致的身材，头顶架着一副香奈儿太阳镜，很像明星或模特。

坐在她旁边的是一位阿姨，约莫五十几岁，短发，淡妆，身穿黑色连衣裙，外搭一件卡其色针织衫，眼角眉梢已经有了岁月的痕迹。

年轻女孩落座之后，从手提包里掏出粉底开始照着镜子涂涂抹抹，她的妆容很完整甚至有些过浓，其实完全没有补妆的必要，但她依然坚持做完一系列的补妆动作，对着化妆镜里的自己欣赏有加。随后女孩开始撩拨长发，动作很大，甩动的头发扫向身边的阿姨，阿姨下意识地往旁边躲了一下，女孩停下来上下打量了阿姨一番，没有道歉。阿姨并没有责怪她，脸上还带着礼貌的微笑。

列车开动后，女孩一直拿着手机在玩，时不时用手指按着屏幕发微信语音，和不同的人聊天；或是持手机变换不同的姿势自拍；和朋友聊到兴起哈哈大笑，全然不顾列车内其他人的目光……或许，她就是想要这种被瞩目的感觉？

身边的阿姨坐在座位上轻靠椅背，双腿并拢微微前探，她带上眼镜，从手提包中拿出一本书，翻到压着书签的那一页开始阅读。当列车经过一大片白桦树林时，阳光透过车窗照在她的脸上，忽明忽暗的光影仿佛电影中的某个慢镜头，优雅地诉说着那些流淌于岁月之中，曾令人动容的故事。就在那一刻，我忽然强烈地感受到，气定神闲的优雅气质才是真正贯穿一生的美丽。

这本书是我真正意义上的第一本独立著作。作为一位热爱文字并且对纸质书籍有深厚情节的“守旧派”，我从事了15年的文字工作，并成为国内一线时尚刊物的专栏撰稿人。我对现代都市女性的生活、职场、时尚、态度有着非常多的观察与思考，很高兴能通过这本书和大家一起分享。

尽管本书内容围绕如何成为优雅女人展开，但事实上，这并不是一些阳春白雪式的高雅美文，而是希望通过那些你我生活中常会遇到的真实事件引起一些思考，或者提供一些实用的解决方法。它的内容涵盖了生活中的许多细节，未来也会有与职场相关的书籍陆续出版。如果读了这些书，能让你觉得我们就像朋友一样在聊天，那真是再好不过了！

现代女性在生活与职场中的位置越来越重要，女性力量的崛起，同时也伴随着巨大的压力。青春的丰盛美好当然令人向往，尤其对女性而言，变老简直就是灾难！但是无论科技如何飞速发展、美容手法如何花样繁多，衰老仍然是每一个人的必经之路。与其为了胶原蛋白的流失而患得患失，不如做些让人生更丰富的事，用优雅来填充生命。

岁月从不败美人。优雅，是唯一不会褪色的美。

李一

2019 年 9 月

Chapter 1 第一章

Chapter 2 第二章

Chapter 3 第三章

最好的时代也是最坏的时代 / 081

Chapter 4 第四章

任何地方都别丢掉优雅光环 / 119

Chapter 5 第五章

Chapter 6 第六章

Chapter 1

第一章

对话镜中的自己

漂亮的女人不可以有皱纹，但优雅的女人不同，

即使她脸上布满皱纹，但她依然美丽。[1]

—— 戴尔·卡耐基

[1]（美）戴尔·卡耐基.成为更美好的自己：卡耐基写给女人的优雅圣经[M].韦秀英，编译.北京：时代华文书局，2018：35

第一节
有趣的灵魂也需要得体的外表

“你觉得一个人的外表重要吗？”

“我觉得外表并不重要。一个人的气质、涵养、学识才是真正令她闪闪发亮的地方！”

很抱歉，亲爱的，通常说这种话的人自己长得都不错。

我们每每谈起“以貌取人”这件事总要嗤之以鼻，认为这是非常肤浅的行为；但在不知不觉中，我们其实也都在以貌取人。无论是面试、相亲、见客户、交朋友……身处社交场合，我们恐怕很难否认外形出色的人更容易受到重视，更容易得到好的机会与资源。

真的很不幸！在社会关系中，外表是人们相互识别的第一特征。从最初见面的几秒钟就已经能判断出自己在与什么人打交道，还要不要继续下去?

难怪到处都有各种声音在说：这是一个“看脸”的社会。

虽然一个人的外在非常重要，但我们并不想鼓吹“颜值即是一切”。相反的，一味注重外表、用力过猛、拿无知当个性，更容易招致别人的反感。那些整容整成“塑料脸”的“网红”，平常出门逛街也要袒胸露背、浓妆艳抹的“潮人”，还有银幕上某些脸蛋漂亮却拥有“面瘫演技”的“流量明星”……她们或许引起了关注、带来了流量与话题，但她们只是大众闲聊时的谈资，绝对不是人们心中向往的气质淑女。

从某种意义上来说，外形普通的人对高颜值的人心存羡慕与嫉妒，同时也给予了更多的关注与期待。如果一个人外表靓丽动人，内在却空洞无知甚至污秽……抱歉，这只会加倍惹人厌恶。

“看脸”的社会，不单单只是“看脸”。

相比于对外貌的关注，很多人更喜欢这句话：好看的皮囊千篇一律，有趣的灵魂万里挑一。是的没错，我非常赞同这句话，但不如先把它放在现实场景中做个假想试验。

在一个阳光明媚的下午，朋友介绍你认识了一位男士。之前你们已经在微信中聊过几次，他不仅出口成章而且幽默风趣。

他的朋友圈总是惜字如金，偶尔的转发和评论也是恰到好处地展现了他的学识与才华。

你们约在一家氛围高雅的咖啡厅见面。你并非爱做白日梦的天真少女，并没有幻想走过来的男人是彭于晏或者李易峰……但是！此刻在你对面坐下的人头发油腻、牙齿发黄、眼镜片上留下的手印完美的模糊了一双小眼睛。他穿着一件皱皱巴巴的黑色衬衫，衬衫的下摆被塞进裤子里勉强遮盖住大大的肚子，肩头还点缀着稀稀拉拉的白色头皮屑……

此时此刻，在故作镇定的假笑之余，你的大脑不禁要飞速旋转：是给闺蜜发信息让她假装打来电话解围？还是借口说头疼、肚子疼，站起来仓皇逃跑？总之，恐怕是不太想进一步了解他有趣的灵魂了吧？！

是我们以貌取人太肤浅吗？ No No No，当然不是！在人际交往中，保持一个干净的、良好的形象是基本礼仪，既是尊重自己也是尊重他人。

一个人可以长得不漂亮，但气质不能不漂亮。

身处在这个“看脸”的社会，要做一个大方得体、人见人爱的优雅淑女，一些最基本的细节还是要讲究。

插图 / 何臻

必不可少的每日沐浴时刻

除非是居住环境和身体条件不允许，否则每天都该认真洗澡。对于外出上班的人来说，洗澡应该算是一种“公益行为”了，干净清爽的你才不会成为地铁中或办公室里的“怪味之源”。

很多人闻不到自己身上的汗味或其他体味，殊不知这些味道却会对别人造成影响。制造气味的元凶主要是那些在人体表皮上快速分泌出的油脂、汗液等分泌物，它们和细菌接触后就会产生味道。经常沐浴清洁再搭配香体产品可以清除这些分泌物，令人时刻保持干净、优雅、自信的状态。

至于是晚上洗澡还是早上，就要看个人的生活习惯了。如果今天出门在外跑了一天，那么晚上我一定会洗个澡彻底清洁；但如果一整天都待在屋里，我通常只在临睡前做简单清洁，然后第二天早上再洗澡，这样不仅能在与别人见面时更自信，还能帮助自己赶走惺忪睡意，快点清醒起来。

口腔异味要不得

我们每天不知道要遇见多少人，你的同事、老板、客户，快递人员、出租车司机、楼下便利店的收银员……遇到谁都有可能需要交谈，如果口气不够清新，恐怕会留给别人一言难尽的不良印象。

早晚刷牙自然不必多说，除此之外，你在办公桌上或者随身包里还需要准备一些可以清新口气的小道具。尤其是在进食午餐后，口腔中很有可能会留下气味，这个时候，薄荷口香糖或者便携装的漱口水都能帮你化解尴尬。而且在用餐后及时清洁口腔也会减少细菌滋生，令牙齿保持健康。

保持头发干净健康

有些男生完全不懂，为什么女生在洗澡时可以戴上浴帽不洗头？！我们的头发那么多、那么长，当然不可能每天都洗，而且对于偏干的发质来说，每天洗头无疑会加速对头发的伤害，甚至还会变成“狮子鬃毛”。

每隔两天洗一次头发是我比较推荐的洗发频率，这样可以保持头皮的健康又可以避免伤害发质。健康的头皮不易产生头皮屑，这样才能杜绝一梳头发就“下雪”的尴尬场面。如果使用了美发造型产品的话，当天要及时清洗不要让其留在头发上过夜；而且洗发后不要用吹风机最高的热风档将头发吹得很干，吹到七八分干就好。

如果可以的话，尽量减少对头发的烫染。现代人的生活不规律、工作压力大，连很多“90后”人群都加入了“脱发阵营”，所以，要好好保护头发，可别让它早早就离你而去。

不要忽略的“第二张脸”

很多时候，我们只关注脸看起来够不够美、够不够年轻，却忽略了手的保养。在生活和工作中，手的出镜率相当高，当你和别人初次见面握手问好时，伸出一双粗糙、皲裂的手，这个画面并不美。

要知道一个人平均一天要洗5~10次手，清洁后的双手应该好好保养，勤涂抹可以滋润修复皮肤的护手霜，做家务时也要尽量戴上手套保护双手，并且选用低刺激的清洁剂，减少对手部皮肤的刺激。

另外，还有一点需要强调：千万不要咬指甲！没有哪一位优雅淑女伸出手时，指尖上是参差不齐、坑坑洼洼的秃指甲。

我们绝大多数人都没有明星的容貌、模特的身材，但这并不妨碍我们拥有良好的修养与优雅的气质。从最基本的地方做起，在细节处讲究，往往是至关重要的。

正如一句谚语所说：魔鬼在细节里。

JO MALONE

第二节
讲究搭配，居家外出都精致

不知道你身边是不是有这样的人，非常爱买衣服，但每天的穿着搭配却让人一言难尽……

写到这里，我不禁想起曾经同在一家公司的一位同事，她可以说是一位家境殷实的“千金大小姐”，生活中最大的爱好就是买衣服，并且对流行元素和知名品牌情有独钟。但令人尴尬的是，当你看到她的时候，从来不会试图想要赞美她的穿着搭配，甚至会怀疑她是不是有某种特殊的“超能力”，为什么总能把一个品牌中最丑的设计找出来并穿在身上？

横格纹西装外套搭配菱格纹长裤，盯着这身搭配看上几秒就让人感觉天旋地转；老虎纹图案上衣搭配 blingbling 的鱼鳞图案短裙，俨然一名马戏团的驯兽女郎……她天马行空的“搭配创意”似乎不允许她穿着一件式小洋装或者T恤、牛仔裤这类的平常服饰出现在众人面前。

当然，一个人喜欢穿什么是她的个人自由，但我想绝大多数淑女还是希望自己日常的穿着搭配能够凸显自己的风格与品位，同时也令周围的人赏心悦目。

品质比流行更可靠

“这种款式今年特流行，好多明星都穿！”“这个颜色最近可流行了，你穿起来多时髦啊！”被导购这样的话术“蒙骗”买入一堆完全不适合自己的衣物而最终只能塞入衣柜的人，实在数不胜数。

身高155厘米，却穿一条显腿更短的低腰九分喇叭裤？脸色暗沉发黄，却套上一件荧光色卫衣？不考虑是否适合自己的风格，而是把别人口中所谓的流行元素统统穿上身，恐怕只会成为一场时尚灾难。

淑女们在挑选服饰时，非常重要的一点就是要保持理智，不赶时髦。

所谓“赶时髦”，就是以最快的速度把流行元素一股脑儿都“武装”到自己身上，引人注目。但淑女们恰恰相反，她们更希望衣着得体，低调而优雅，尤其会考虑到穿着的场合，尽量不要让在场人士感到不协调、不舒服。

剪裁精良、品质上乘的衣服绝对是提升气质的利器，用心打理那些质地、做工更能凸显价值的衣物，使其能够长久的穿着，更符合淑女们精简的个性。对比那些穿着花哨乍眼、总想标新立异的女生来说，淑女已经在气质上胜出了。

与色彩和谐相处

有一段时间莫兰迪色很流行，这个色系来自意大利的著名画家乔治·莫兰迪，他的作品摒弃了高饱和度的张扬色彩，在每个颜色中都融入了适度的灰色和白色作为调和，将原本浓郁艳丽的色彩转化为优雅高级的灰色质感。艺术界对他的评价是“莫兰迪的艺术，能给人以极温柔的精神慰藉。”而这一系列温柔的色彩也成了人们在搭配服饰或装饰家居时的最新灵感。

一直以来，具有强烈视觉冲击力的色彩都不是淑女们的“心头好”，而那些经典的黑白灰、米色、茶色、卡其色、藏青色等素雅的颜色才是淑女衣橱中不可或缺的元素。和莫兰迪色风格相似，这些色彩都拥有自然、优雅而且极易搭配的优点，同一件衣服可以和各种单品组合在一起。只要打理得当，还能经久不衰地穿上好几年，完全不用担心会过时。这对于赶时髦的人来说简直不可思议！

但也正是因为坚持这种风格，无论何时何地，淑女看起来永远那么优雅得体。不必为了流行而流行，才是她们的拿手好戏。

家居服和外出服一样讲究

出门在外的时候要保持完美形象，那在家的时候就可以随便乱穿吗？答案当然是：不行！

曾经看过一个台湾地区的综艺节目，摄制组突袭了几位女明星的家，拍摄她们在家时放松的状态。没想到有些在镜头前光鲜亮丽的女明星，私下完全就是大写加粗的“邋遢”。除了房间很乱之外，她们的家居服更是惨不忍睹，掉色、起毛球的长睡袍，不知道穿了多久旧T恤……主持人不禁调侃地说：你们在“宅男”心中的女神形象完全破灭了！

家居服也要讲究，这并不是吹毛求疵。虽然，家是私密场所，穿着通常以舒适为宜，但有些时候难免会有朋友突然造访，或者是快递员来敲门，穿得邋遢或是太轻薄、太随便，都会给彼此带来尴尬。

如果与爱人同住，家居服更是不可忽视的部分。试想一下，如果你的伴侣每天都穿着旧T恤、旧秋裤在家中走来走去，长此以往难免让人产生审美疲劳，伴侣之间的亲密度也会随之打折扣。

上下分身的衬衫配长裤是最受欢迎的家居服款式，面料可以选择舒适的纯棉、光滑的丝绸，或是有弹性的针织。如果觉得冷或是有人突然登门造访，披上一件开衫或披肩就可以大方应对一切。而且选一套自己喜欢的家居服，在家的时候也能提升幸福感。

常见面料的护理方法

棉麻：普通棉麻类衣物是最好打理的面料之一，耐碱耐热，对洗衣液、水温、熨烫都没有什么特殊要求，只需要注意染色和泛黄的问题。

Tips：成分较为纯粹的棉麻会有一些缩水现象；白色衣物有专用的洗衣液，能防止衣物变色，不要用漂白水来漂洗，会毁掉衣服的。

真丝：真丝来自天然，虽然穿着舒适，但属于不易打理的面料，抗皱性差，不耐碱而且容易褪色，需要使用专业洗涤剂来清洗。

Tips：真丝面料的衣物不要浸泡超过10分钟，低水温，轻柔搓洗，不要拧转，选用专业的丝绸洗涤液进行清洗。

聚酯纤维：俗称“涤纶”，很多衣物都会采用这种合成纤维成分，它的抗皱性比较好，具有较高的强度与弹性，几乎没有特别需要注意的保养方式。

Tips：聚酯纤维容易产生静电，清洗时可以在清水中倒入柔顺剂，使衣物柔顺，减少静电。

羊毛：羊毛类面料不耐热、不耐碱，遇到较高的水温就容易缩小变形，需要用常温水及专业的羊毛洗涤液清洗，或者送到洗衣店交给专业人士清洁。

Tips：使用专业的羊毛洗涤液轻柔洗涤，不可拧转，不要挂起来暴晒，以免变形。

牛仔：你的深色牛仔裤想必也总会掉色吧！这种面料结实耐穿，搭配度高，但很难避免掉色。日常清洁时无须特别护理，但要注意避开浅色衣物。

Tips：可以在洗涤之前在清水中加入少许的盐来对衣物进行浸泡处理，这样可以减少牛仔面料掉色。

皮革：皮革不能直接浸入水里洗涤，可以用软布或软毛刷蘸水，在皮革表面擦去污垢，清洁之后要给皮革涂上保养油，再用软布将保养油擦均匀。

Tips：如果皮革衣服上有压痕皱褶需要熨烫，必须垫上皮革熨烫专用布或干丝绸布，而且不能使用蒸汽或喷水。

备注：不论哪种衣物，都请在清洗前仔细阅读缝在衬里的洗涤说明。

第三节
妆容的高级感贵在不动声色

当一个人被形容为“真有心机”，想必她不会是一个讨人喜爱的角色。

但是，在我为时尚杂志撰稿的这些年中，殊不知做过多少种“心机妆”的主题。如何假装素颜；什么颜色的口红最能欺骗“直男”；怎么画能让眼线隐形；伪装少女的妆容重点……

在美妆界，“心机”绝对是个大受欢迎的褒义词，因为在一个成功的“心机妆”背后，你往往要花费更多的心思、掌握更精致的手法与更高级的审美。

女人的一生，都在和自己的脸“过不去”。

即便是看起来漂亮的人，却依然对自己的容貌有这样或那样的不满，而化妆也成了女性伴随终身的一项必修技能。“当窗理云鬓，对镜贴花黄”，从古至今，爱美都是女人的天性，而我也一直深信，化妆是一件能让生活变得更加美好的事。

在某一次闺蜜聚会时,大家聊起了上中学时偷偷化妆的“黑历史”。似乎青春期的女生总有一种惊人的“迷之审美”，她们敢在整个眼皮上大肆涂抹珠光眼影，甚至还敢挑战“死亡芭比粉”颜色的口红，并觉得自己简直是“美爆了”！现在回想起来，真是让人又好气又好笑。

少不更事的年纪，总喜欢激烈大胆的表达；长大以后渐渐领悟，不露声色的美才高级。

不知你有没有注意到，并非所有淑女都拥有美丽的容貌，但她们看上去却总是美丽的。这绝非什么与生俱来的能力，而是淑女们不断“修行”的结果。

高级美修行第 1 步：养好肌肤是王道

虽然我们都知道，化妆的目的是为了掩盖瑕疵、放大美丽，但如果自身的瑕疵太大，恐怕再高级的化妆品也无能为力。试想一下，如果脸上布满了大大小小的痘痘，或是皱纹已经深深

“刻”在脸上，就算用很厚的粉底去遮盖，也无法营造出细腻无瑕的光彩美肌。所以，坚持护肤才是美丽修行的根本基础。

需要提醒大家的是，很多人都十分关注如何为肌肤补水、抗皱、美白，但是如果没有做好防晒工作，这些努力将全部付诸一炬。在日常环境中，紫外线是损伤肌肤的头号“凶手”，国内外很多实验证明肌肤的老化现象，几乎都与紫外线有着密不可分的关系，防晒是护肤中需要特别重视的一项。

在挑选护肤品的时候，我们要根据自己肤质的特点，千万不要盲目跟风。很多网络护肤达人赞不绝口的单品，可能换你用就会出现泛红、长痘、过敏……甲之蜜糖乙之砒霜。了解自己肤质的特点，是否对某一些成分特别敏感，在决定购买前最好去专柜亲自试用，以免浪费金钱还伤害肌肤。

高级美修行第 2 步：忽略没营养的彩妆新概念

不置可否，我们正生活在一个热闹的流量时代，为了吸引眼球，各种光怪陆离的事件横空出世，不断冲击我们的视野。在美妆世界也一样，很多稀奇古怪的新概念、新产品时不时就会在网络上流行起来，刮起一阵风潮。

有人示范怎么把自己画成外国人，有人拿类似黏土的东西捏出假鼻梁，还有人教你如何用一支口红画出全脸的妆……不得不说，她们真的很会“玩”，但淑女们大都不会去学习这些。拥有一个优雅得体的妆容，精致干净的眼线远比芭比娃娃般夸张的大眼睛更迷人；不必在乎哪种颜色最“斩男”，只挑选适合自己的肤色与穿衣风格，并且不易沾杯的口红就好。

高级美修行第 3 步：为不同场合定制完美妆容

淑女的脸上不需要百变的色彩，但也不要千篇一律的单调。为不同场合、不同衣着设计出匹配度高的妆容是淑女的原则。

气场十足的大红色近来非常流行，但这种唇色并不适合商务洽谈或是拜访客户。因为当你发言的时候，周围人的注意力很难不被过于夺目的红唇吸引过去。日常工作时的妆容选择大地色系的眼妆、豆沙色系的唇妆通常都不会出错；眉色与发色尽量靠近；与其用阴影色来涂抹两颊和鼻翼，倒不如在鼻梁、法令纹的位置轻扫几下高光色效果更好。

宴会时的妆容可以尝试小烟熏眼妆或是在眼尾轻轻涂上一抹与服饰同色系的眼影，添加一点亮片，这样会让你在室内变换的灯光中更迷人。

妆容风格千变万化，但有一个原则永远不变：你的脸很珍贵，千万不要用来路不明的劣质化妆品。

★ 肤质测试

下面每一道测试题都有 ABCDE 五个选项，选一个最符合自己的选项记下来。

1. 清晨起床照镜子时，你的皮肤看起来？

A. 脸上油油亮亮，摸起来有滑腻感

B. T 区泛油光，毛孔有些粗大

C. 肌肤整体偏干，有些细纹会冒出来

D. 不干不油，皮肤柔软细腻

E. 有泛红、起皮屑、刺痒的情况

2. 最令你感到困扰的肌肤问题是？

A. 毛孔粗大、油光满面、爱长痘痘

B. 水油不平衡，出油和缺水都会出现

C. 细纹、斑点、干燥起皮

D. 比较健康，没有什么大问题

E. 容易泛红、过敏，对护肤品成分很挑剔

3. 如果要选择一款保湿护肤品，你更青睐哪种质地？

A. 质地轻盈，非常好吸收的乳液或啫喱

B. 肤感适中，有一定保湿度的凝霜

C. 绵密油润，滋润效果明显的乳霜

D. 乳液、面霜都可以，不挑

E. 成分简单、温和或皮肤科医生推荐的药妆

4. 在上妆涂粉底的时候，哪一种情况最像你？

A. 容易脱妆，需要使用控油效果好的粉底

B. 容易上妆但也容易脱妆，T 区经常出油需要随时补妆

C. 化妆前要先用保湿产品，粉底要足够滋润，否则会起皮、底妆斑驳

D. 妆效基本能保持 5~6 小时

E. 很少化妆，因为化妆后皮肤会非常不舒服

5. 在旅行中经受较强的日晒后，脸上会出现什么状况？

A. 毛孔粗大、长痘甚至脱皮

B. 皮肤变黑，没有太多不适感

C. 斑点明显加深，干燥爆皮，肤色变黑

D. 晒后发红，休息后好转，不易变黑

E. 产生严重的日光过敏反应，出现丘疹、红肿、疼痛等情况

6. 面对镜子做一个用力微笑的表情，观察一下现在的脸是什么状况？

A. 当做出微笑、皱眉、抬眉毛这些表情时，脸上几乎没有皱纹

B. 随着表情变化，额头、眼角、嘴角等位置会出现细纹，但恢复平静后逐渐消失

C. 做表情时皱纹很深，仔细看的话没有肌肉运动的部位也有些细小皱纹

D. 几乎没有皱纹，皮肤状态很健康

E. 比起皱纹，皮肤薄和红血丝更碍眼

7. 如果洗完脸不涂抹保养品，你的肌肤是什么感觉？

A. 没什么感觉，甚至因此常忘记用护肤品

B. 刚开始会觉得紧绷，但过一会儿就会缓解

C. 非常干燥，皮肤像被拉拽，很想马上涂面霜。

D. 轻微紧绷感，可以接受不涂抹保养品

E. 越来越干燥，时间一长会出现明显的暗沉或泛红

8. 护肤品中有些成分允许添加，但可能会引起某些人不适应，你的皮肤对哪种成分接受度最高？

A. 含酒精

B. 含较强美白成分

C. 含防腐剂

D. 含香精、香料

E. 哪种都适应不了

9. 你拍了证件照，只能做一种皮肤修图处理，你希望调整的是？

A. 消除满脸油光

B. 消除痘印

C. 消除斑点

D. 调整明亮度

E. 消除红血丝

肤质测试结果

如果在你的选项中，某一个选项的数量明显超过其他的，那么这个选项所对应的正是你的肤质（比如，6 个 A，2 个 C，1 个 D，那么你属于 A 型——油性肤质）

如果在你的选项中，有 2 个选项的数量基本持平，那么请将这两种肤质的特性一起作为参考（比如，4 个 C，4 个 E，1 个 B，那么你属于 C+E—— 干性 + 敏感肤质）

++++++++++++++++

A 型 —— 油性肤质

油脂分泌比较旺盛的人常常满面油光，缺点是毛孔比较粗大，容易长粉刺、暗疮，优点是不易出现皱纹。

日常清洁一定要做彻底，使用水润而非油润的护肤品，上妆后随时补妆，避免脱妆。

++++++++++++++++

B 型 —— 混合肤质

有很大一部分人属于混合肤质，并且随着年龄的增长越来越明显。有些人抱怨皮肤状态不稳定，明明感觉缺水但皮肤又长皱纹又长痘痘。调理水油平衡，根据环境变化更换护肤品都是混合肤质需要做的。

++++++++++++++++

C型 —— 干性肤质

皮肤含水量低而且角质层薄，皮脂分泌比较少。干性肤质的人不易长痘，毛孔也不太明显，但容易产生皱纹。

要特别注意日常护肤的补水、锁水与抗皱，另外，不要使用清洁力太强的洁面产品或面膜，也不要常常更换护肤品，以免角质层越来越薄。

++++++++++++++++

D型 —— 中性健康肤质

恭喜你，你的皮肤状态真的很不错！不干不油，耐受性也较强，只要做好日常护肤步骤就能保持一个比较健康的皮肤状态。平时注意防晒，毕竟紫外线是导致所有肌肤问题的头号敌人。

E 型 —— 脆弱敏感肤质

您的皮肤敏感，容易因为外界的刺激而引起过敏，换季、遇冷或遇热、更换护肤品等都会引起皮肤局部发红或出现小丘疹。

表皮屏障受损的脆弱敏感肤质要避免涂抹刺激成分较多的护肤和彩妆产品，温水洗脸，不用力揉搓肌肤、饮食也要避免辛辣刺激。

护肤不只在表面上，还需要由内而外的滋养。
现代科技融合燕窝与胶原蛋白的双重美丽能量，高效便捷，
吃出冻龄美肌。

美人燕 燕窝胶原蛋白

第四节
抬起天鹅颈，优雅迈出第一步

很多人都听说过，有一种坐姿叫作“北京瘫”，伴随这个词出现的画面，就是演员葛优斜靠着上半身，一脸迷茫地半躺在沙发上。虽然这个词充满了戏谑的幽默感，但这种无精打采、七扭八歪的姿态在我们周遭生活中还真的比比皆是。

身为“北京土著”的我也时不时会出现浑身瘫软无力或是跷着“二郎腿”的坐姿，而且长时间坐在计算机前写稿，腰椎、颈椎本来就承受了很大的压力，加上错误的坐姿，久而久之，我不得不去医院扎针灸来缓解疼痛。

小时候，长辈没少教育我们：“坐有坐相，站有站相。”但精神放松的时候，我总会把这八个字抛诸脑后。一旦成为习惯，在公众场合就难免会不自觉地流露出同样松垮的姿态。对自身来说，不良的姿态会影响健康；在别人眼中，会留下“这个人气质真差”的印象。

放眼人群中，优雅大方、引人注目的那位淑女，一定不会是歪七扭八、含胸驼背的样子。

很多人羡慕舞蹈演员的身姿，她们无论坐下或是行走，腰背都非常挺拔，就像头顶上被一根无形的提线牵引着，自然而然地散发出一种自信与优雅的气息。我曾经采访过一位芭蕾舞演员，问她如何能够时刻保持天鹅公主般的姿态，她说并没什么秘诀，就是一种习惯，十几年舞蹈形体训练养成的习惯，早已在不知不觉间渗入到日常的每一个动作之中。这也刚好说明，优雅的姿态完全可以练出来。

用一面墙改变体态

改变真的没有我们想象中那么复杂，需要的只是下定决心，然后迈出第一步。

无须特意去健身房或者报名舞蹈课程，在家里找一面空着的墙壁每天紧贴墙壁站直，让后脑勺、双肩、臀部、脚跟这些部位都贴靠在墙壁上，双手保持自然下垂，脚跟处于并拢的状态。每天坚持站上 10~15 分钟，1~2 个月后你就会发现自己的体态有明显的改变。如果存在骨盆倾斜、脊椎弯曲等病理现象也会得到一定的改善。

如果你没有时间和精力去做专业课程训练，那么家里或是办公室的墙面就是一个最方便而且无须任何花销的美体工具。

天鹅公主的肩膀

形容一位女士体态优雅时，我们常常会用天鹅来比喻。很多人认为拥有天鹅颈的重点在于颈部线条修长，但殊不知真正关键的地方却是肩膀。

溜肩、端肩、高低肩都会让整个人看上去气质欠佳。有不少当了妈妈的女明星在采访中提到会特别关注肩膀线条的塑形，因为经常抱小孩会导致圆肩。而脂肪堆积、含胸驼背更会让肩膀变圆变厚，尤其从侧面看会让人瞬间失去少女感。

有些人的圆肩并不是因为发胖，而是脊柱弯曲、颈椎前倾让脖子和肩膀不在一个平面上，这样一来脖子就显得短而粗，自然就失去了优雅的姿态。美肩训练主要以拉伸为主，有 3 个简单的动作很适合日常练习：

1. 单侧弯曲膝盖半跪在垫子上保持身体平衡，双臂举过头顶伸直，牵引上半身缓缓向后伸展，肩膀与背部会有较为强烈的拉伸感。

插图 / 何臻

2. 双脚站立，间距与肩同宽，单手从头部上方摸到另一侧的耳朵，施力牵拉，然后放松，头部回到中立位，两侧交替动作，拉伸斜方肌。

插图 / 何臻

3. 双手一上一下在背后斜向交叠，如果肢体比较僵硬两只手无法碰到一起，可以用这个姿势在背后纵向拉住一条毛巾。两只手交替更换上下位置，做这个动作时不要低头或上半身前探。

插图 / 何臻

这样坐最迷人

用什么样的姿势入座，和衣着、场合有着密不可分的关系。如果你穿着裤装或是长裙，可以坐椅子的前 2/3 位置，两臂自然弯曲放在腿上，或者单手轻搭在椅子或是沙发扶手上，掌心向下。

如果你穿着裙摆在膝盖以上的短裙，入座时要坐在椅子的前 1/3 最多不能超过一半的位置，双腿并拢后脚尖朝 45° 方向微微斜伸，手可以轻放在大腿中部，这样坐不仅姿态优雅而且能防止“走光”。另外，大腿贴紧小腿交叠，脚腕前后靠在一起也是一个不错的坐姿，适合氛围更轻松的场合。

无论怎么坐，请时刻提醒自己保持上半身的挺立。当一位淑女优雅地坐下时，从某些角度来说她并不是为了放松和休息，而是换一个姿势来展现迷人的气质。

第五节
随身精致小物，随时有备无患

我们都怕在社交场合中陷入尴尬的局面，但尴尬却依然常常发生。比如，在会议发言中突然止不住打嗝，约会的时候睫毛膏晕染到下眼皮，穿着高跟鞋踩进坑洞摔个人仰马翻……这些尴尬的场面简直让人分分钟想找个地缝钻进去。

有一位好友就曾遇到过类似的尴尬情况。部门聚餐时，同事们约在一起吃麻辣火锅，谁曾想结束后闺蜜又拉她去参加另一场聚会，席间居然遇见令她心动的单身男子。对方似乎也想和她聊天，但她全程的回应几乎都是点头、摇头、微笑，不敢靠近对方更不敢开口说话。

她躲躲闪闪的原因不只是外套和头发上带有“火锅味”，还有刚才聚餐时，她吃了香油蒜泥的调料……后来，男生似乎感觉到她的疏远，也就不再和她进一步聊天。每每提起这件事，朋友都会懊悔到捶胸顿足，并且大半年都不吃火锅。

那些看起来总是处变不惊的淑女，似乎随时做好了应对一切突发事件的准备，不禁让人佩服。能气定神闲地让自己始终保持优雅，想必一定是在准备工作上下了不少的工夫。不妨和我一起去看一看淑女们随身的手袋，看她们到底藏了哪些日常必备物。

远离尴尬！淑女爱用好物分享

手帕

这个年代还有人用手帕吗？大家难道不是用纸巾吗？有这种疑问的人一定不在少数。的确，方便的纸巾几乎能取代手帕的所有功能，但手帕却拥有自己独特的气质。

去日本游玩的时候，我发现很多人依然保留着使用手帕的习惯。尤其是在夏天外出时，不少日本人都会把手帕搭在脖子上，以便随时擦汗，这比一张张抽取纸巾要环保得多。

对于女性来说，准备一条花色优雅的手帕，还可以在穿短裙入座时打开手帕盖住裸露的双腿；或是在用餐时拿出来盖在双腿上，以免不小心有食物或饮料掉落弄脏衣物。手帕不像随处可见的纸巾或餐巾，它拥有专属于你的审美与品位，所以，为自己选一块漂亮的手帕吧！

气垫粉底

外出时能带上整个化妆包以备随时补妆当然最好，但有时候随身的手袋体积很小装不下太多东西，如果只能带一件化妆品的话，我会推荐气垫粉底。底妆如果斑驳脱妆极容易被别人发现，状态很差的皮肤会瞬间拉低你的颜值。气垫粉底的盒子中大都带有镜子，便于随时检查妆容，还能用粉扑把晕染开的眼影、唇膏迅速清除干净。

在日常使用中，我发现一款轻薄的气垫粉底，比传统用来补妆的粉饼更好用。因为气垫粉底所含水分较多不易令皮肤干燥，脱妆常常是由于皮肤缺水造成的，对于已经干燥甚至泛起皮屑的皮肤来说，用粉饼补妆无疑是雪上加霜。

便携漱口水

在外面就餐后想要保持口气清新，你通常会怎么做？嚼口香糖？这个方法虽然很普遍但其实效果并不好。口香糖的去味效果真的很有限，而且嘴巴一直动来动去也不符合淑女的形象。

如果随身携带便携的漱口水，就能很好地解决这个问题。很多漱口水品牌都推出了小包装，有的像一条咖啡粉末，有的像一颗果冻，随身携带非常方便。在外用餐后去洗手间认认真真地漱口，那种清新感是口香糖比不了的。

织物除味剂

不好的气味真是一个影响社交的“尴尬源”，生活中即便已经很注意自身清洁，但有时也会被周遭的环境所连累。比如之前提到的吃火锅，或者附近有人吸烟，这些味道很容易附着在衣物上挥之不去。

有人选择用香水来掩盖，但当几种激烈的味道混杂交织、互不相让的时候，结果往往更糟糕。有一类针对织物的除味剂，它不是用香味去掩盖异味，而是通过祛除细菌因子来清除异味。几年前在日本的主妇和“上班族”中流行起来，最近国内也有越来越多的人开始使用。但瓶身较大，可以将其灌入小喷雾瓶中随身携带，时刻保持清新的味道。

口罩

不只感冒时和遇到雾霾时才需要口罩，在公交车上、地铁里或者人与人之间距离较近的公众场合，口罩都能发挥很好的作用。如果你今天状态不好或者出门不想化妆的时候，口罩也是一把非常好的“保护伞”。

需要提醒的是，很多欧美国家的人不太能接受平时出门也要戴口罩这件事。建议大家在外出旅行时要酌情处理，不然也许会被当作传染病人看待。

笔记本与签字笔

这里所说的笔记本，是真正的笔记本而并非计算机。在越来越依赖电子产品时代，大家是不是都快忘记了还有纸与笔的存在？虽然并不是随时会用到，但随身携带笔记本和签字笔，是一个非常好的习惯。约定好一件事情或是听到一个重要的信息，都可以马上记在笔记本上；在与别人进行比较正式的对话时，把关键内容认真地记在笔记本上，也是一种对对方的尊重，更容易给人留下好印象。

依赖手机和计算机太久，很多人都开始出现提笔忘字的情况，而手写文字不仅能记录转瞬即逝的灵感，也可以通过快速的反应思考、组织文字来促使逻辑思维更加清晰。始终保持清醒的头脑，做一名优雅智慧的淑女，你所看到的风景必然与众不同。

自然的美要胜过服饰的美，而优雅行为的美又胜过单纯的仪容之美。

美的最高境界是画家所无法表现的，因为它并非人力所能创造出来，那是一种奇妙的美。[1]

——培根

[1]（英）培根 . 培根随笔 [M]. 龙婧，译 . 北京：北京联合出版社，2012：141

Chapter 2

第二章

分寸感是人际交往的必修课

《菜根谭》上说，有种美好叫作：花看半开，酒饮微醺。

醒世谚语常言道：人前留一线，日后好相见。

事不做绝，话不说满，是一种为人处世的艺术。

而分寸之美，正美在恰到好处的留白。

第一节
初次见面如何避免尴尬冷场

一场愉悦的相遇可称之为“一见如故”，当然，还有另一种情况叫作“话不投机”。

在种种社交场合中，我们常会或主动或被动地认识素未谋面的陌生人，对方也许是工作上遇到的客户，也许是聚会上朋友的朋友，也可能是亲友介绍的相亲对象……总之第一次见面给彼此留下的印象至关重要，很多人甚至是“一见定生死”。

如果初次见面就忍不住在心里嘀咕：他可真无聊；他素质好低；他说话怎么如此惹人讨厌？一旦被打上这些标签，恐怕往后的交往都很难继续下去。

不久之前，我与一位编辑好友 A 小姐就遭遇了一场彻头彻尾的尬聊。

因为同在一个行业内，我们刚好一起去参加一场媒体活动。原本一切都很正常，直到晚宴时，与我们同桌就座的宾客中出现一位自称是“自媒体红人”的中年大叔。他率先向在座各位抛出了一个关于股市动荡与触底反弹的话题，对金融一窍不通的我们虽然不知道他在说什么，但出于礼貌，还是在他眼神扫过的时候报以礼貌地点头微笑。

在凉菜端上桌的时候，他忽然开始问大家：“在北京买房了吗？”有个男生附和说刚刚买了，月供压力挺大。听到这个回答后，这位中年大叔便开始滔滔不绝地讲述自己卓尔不凡的投资远见，多年前他来到北京生活后就开始买房，在房价高涨时几经倒手挣了百万云云。

开始上热菜的时候，他把话题抛向我们：“听说当编辑工资不高啊？”我和A小姐面面相觑互望了一眼，露出那种尴尬而不失礼貌的微笑，点头说：“是的，不高。”他继续说：“但眼光挺高嘛，我看过一个问卷调查说女编辑大龄单身的比例很高，而且结了婚也不顾家。”

这话题……我们真的不知道怎么接下去了！只好用假笑蒙混过关。邻座的女孩大概也是听不下去了，就随口和A小姐聊起了她新买的包。这款包是品牌当季新款，国内还没有发售，价格也有些昂贵，是A小姐在意大利出差时痛下决心花了2万元人民币将它从国外背回来的。而邻座女孩同为时尚媒体编辑，对各种品牌也是了如指掌，无论是真心话还是场面话，总之她对这款包赞誉有加。

两个女孩子终于找到了一个共同感兴趣的话题，聊得正开心，对面那位大叔却突然插话："我觉得现在的女孩子有点太虚荣了，花好几万买个包有什么用？把这些钱攒下来，做点投资多好！"

A小姐真的忍不住了，她用不太友好的语气回复道："投资我们不懂，没准儿会赔个精光，还不如买衣服、买包，图个高兴！"

"不懂就要学啊。"

此时此刻，大家全都陷入了一阵无比尴尬的沉默之中，纷纷埋头吃饭。等不到热菜上齐，我们几个人就找了各种理由相继离开。原本一次普普通通的社交聚餐，大家居然吃出一种春节回家被亲戚围攻的感觉。

这样的人，见一次就够了。

其实换个角度来说，他的观念并非全是错的，但每个人所选择的生活方式以及内心所追求的满足感，并不是只有一种衡量标准。你当然可以不认同，但不该凡事都以自己的标准，站在所谓的制高点来教育别人。

前者关乎态度，后者关乎修养。

时至今日，各种社交软件的发达令我们在面对手机时泰然自若、畅所欲言，但在真正与人面对面交流时，却变得非常不自在，以至于很多人在网络上都表示自己得了“社交恐惧症”，害怕到陌生的地方、害怕与人交流、害怕当众发言，甚至害怕打电话，只想躲在自己的舒适圈里不出来。

曾经多次在线下活动中见到在网络上神采飞扬、才华横溢的人，现实中的他们有很大一部分是羞涩内敛，甚至不善言谈的普通人。也许正是因为有了网络的虚拟身份与安全距离，他们才能更深入地思考、更自在地展现才华或是表达观点，但在面对面的交往中，这些保护伞通通被拿掉，突如其来的场景改变会让人紧张慌乱、失去自信。

如果与这种类型的人交流，常常会遭遇冷场，有时他们会给人一种拒人千里之外的孤傲感，久而久之，令人不再愿意与其交往。在社交高手眼中，与陌生人相处是一种游刃有余且令人愉悦的体验，但对于大多数普通人而言，能与初次见面的人自在聊天，并非一件易事。同时，我们需要时常提醒自己：人与人之间交往，要懂得拿捏“分寸感”。

像餐桌上那位大叔，也许他并无恶意，但因为不懂言谈的分寸，让周围的人陷入尴尬，招致反感。而那些遇到他人就想躲，连打招呼都不愿意回应的人，也会被划入社交“黑名单”，成为不受欢迎的类型。

作为一名优雅大方的淑女，在社交场合中更要言谈得体。可以聊工作，但不能问薪酬；可以聊经历，但不要自顾自说个不停；可以聊时尚，但不要炫耀卖弄；可以聊共同的朋友，但不要说流言八卦……如果遇到一个人真的聊不下去，礼貌的微笑、告辞就好，并不需要没话找话，反而让场面更加尴尬。

中国人讲究分寸感，有些人之所以能顺风顺水、游刃有余，不单单靠着聪明或是努力，也因为他们更善于洞察人性，拿捏分寸，懂得什么是恰如其分的留白。

第二节
耿直是美德，但有时却会伤人

如果有这样一道选择题：一个耿直的人和一个虚伪的人，你会选谁做朋友？想必没有人会选虚伪的人。但现实生活却并非像选择题这样非黑即白，很多时候，虚伪往往比耿直更讨人喜欢，会让人不自觉就陷入其中。

我们所厌恶甚至恐惧的是那些以伪善作为面具，戴着它企图来掩盖自己真实意图的人。他们大多数都是巧舌如簧的伪装高手，表面上与人为善，却在背地里一步步设下自己的棋局，奉承谄媚，没有一句话是真心的，达到目的后，被牵连其中的当事人才会看清真相，有些人甚至直到最后依然执迷不悟。长久以往，虚伪的人从不觉得自己有任何不对，就像契科夫说的：蚜虫吃青草，锈吃铁，虚伪吃灵魂。

诚然，我们都讨厌虚伪，但这个时候不妨也反问自己一下：耿直，就真的好吗？

“我的新发型好看吗？”“你脸这么大还剪这种发型，难看死了！”

“昨天陪宝宝去拍了一组新照片，不错吧？”“天天在朋友圈‘晒’你家丑孩子，烦不烦？！”

“晚上有空一起吃饭吗？”“有空，但就是不想去，因为我特别讨厌你。”

……

这样耿直的回答，难道不是在找碴打架吗？

某个周五，我和公司同事相约晚饭去吃烤肉，原本大家聚在一起热热闹闹都很高兴，其中一位身材比较丰腴的女孩提议想再点些主食。这时，另一位身材娇小、嗓门却很大的“耿直gril”忽然说：“大晚上的，吃了这么多肉还吃什么主食？少吃点吧，看看自己都胖成什么样了？！”

原本以为这只是一句熟人之间的调侃，但没想到对方真的认真了，她把菜单往桌上一拍，“胖成什么样关你什么事？我胖还可以减肥瘦下来，但你矮就只能矮一辈子。”

这两句认真的互怼可以说是相当“扎心”了，全桌人的笑容都开始变得有些僵硬，最后，还是靠着几个男孩子插科打诨、岔开了话题，才把这尴尬的一篇翻过去。但是在日后的工作中，这两位女同事明显都落下了心结，几乎不再理睬对方。

并不是因为女人小心眼、爱记仇，换成男人也是一样的。

在高中毕业十周年的同学聚会上，彼时那些嬉笑怒骂、口无遮拦的少年们，如今都已踏入社会。有一位曾经在班上胆小爱哭的男生 A 变化非常巨大，多年不见，他不仅成功跻身待遇优渥的国际大企业，成为业务骨干，而且这次参加聚会他还带着漂亮的太太一起出现。

酒过三巡，老同学们开始回忆过往，席间有两位男生与 A 先生曾是非常要好的小伙伴，也许是借着酒意有些兴奋过头，他们聊着聊着就开始大讲 A 上学时曾经发生的各种糗事，说到激动之处还大笑着直拍桌子。A 从最开始笑着附和到后来逐渐沉默“黑脸”、带着太太提前离席，场面一度十分难看。

“混得好了不起啦？老同学连个玩笑都开不起！”“平时挣那么多钱，也从来不说请我们吃个饭，什么人？赶紧滚吧！”在 A 走后他们仍旧不依不饶、冷嘲热讽。但我从头到尾都认为 A 的提前离席一点没错，反倒是这两个人，素质堪忧、面目可憎。

中国有句古老的谚语：好言一句三冬暖，恶语伤人六月寒。

语言是非常有力量的武器，一旦听者走了心，后果往往比想象中严重。做人能够真诚不虚伪、能够直抒己见固然是一种美德，但耿直绝不是不分场合、口无遮拦的乱说话。

如果你的朋友剪了一个不太适合他的发型后来询问你的意见，当然不是要你违心地吹嘘：“天哪，好漂亮！好适合你！”但也千万不要张嘴就说：“真丑，太难看了！发型师和你有仇吗？”之类太“耿直”的话。

你可以给他一些适当的建议，比如“现在这个发型有点贴头皮，如果尝试换个偏分的发型可能会更好看”“这个长度的卷发如果梳起‘公主头’应该会更漂亮。”如果你给出一些真心的建议，即便对方最终没有采纳，在他心中也会认为你是一个真诚的人，而不是那种只爱挖苦、调侃、说难听话的“损友”。

在生活中，我很怕遇见那种用“耿直”做借口的人，相信你也遇到过吧！他们开口闭口总会说：“我这个人性格很直，说话直接，希望大家不要介意。”或者是“有句话不知道当讲不当讲？”

如果他所说的话真诚在理，大家当然愿意接受，但如果是句句伤人的话，大家凭什么不介意？如果想说“不知道当讲不当讲？”那就干脆不要讲，因为心中明明知道说出来只会惹人反感。

而当你因为某人不当的言论而生气时，还会有人在一旁劝说：“他那就是那种性格，太直了，你为什么和他生气？”请问，这句话是不是可以和“他还是个孩子，你为什么要跟他计较？”以及“他这么弱，你为什么不帮帮他？”统称为“道德绑架三连击”？

让别人因自己所谓的“耿直”而受到伤害还不许生气，这本身就是一种道德绑架。

我们从小就被教育“做人要诚实”，但是长大之后，大部分人都学会了“虚伪”。其实，在社交中适度的“虚伪”是很有必要的。

或者可以这样说：耿直，但要有分寸。

· 不做阿谀奉承的“马屁精”；

· 即便是朋友，开玩笑也要适度，不讽刺、挖苦别人的痛点；

· 有想法可以表达，但要有理有据，不做无意义的抱怨。

每个人都有自己的个性与脾气，接受程度也不尽相同。不要用自己的标准来衡量别人，不要以耿直为借口伤害别人，当然也不做伪善肤浅的假面人。保持真诚与修养，这才是淑女该坚持的交友规则。

一个真正迷人的女人，并不一定拥有漂亮的脸蛋，
但却一定要拥有迷人的风姿和高雅的格调。[1]

—— 戴尔·卡耐基

[1]（美）戴尔·卡耐基.卡耐基写给女人的幸福哲学 [M]. 达夫，编译.北京：中国华侨出版社，2018：94

第三节
贴心好礼让你们更亲近

无论是表示感谢、倾诉爱意，还是节日纪念、礼尚往来，礼物是我们在生活中交流沟通的重要媒介。抛开那种动机不纯的重金豪礼不谈，其实每一件礼物都蕴含着独特的意义。在什么时间以什么方式送什么礼物才能赢得对方欢心？真的不是一个简单的问题。

听过这样一个真实的故事，女孩和男孩已经稳定交往了一段时间，男孩的奶奶生病住院，女孩想去医院探望。因为是第一次见对方的家长，女孩想买一个精致的水果礼盒带过去，但却被男孩阻止了。

男孩：“不要瞎买这些，带些橘子就行了，奶奶喜欢吃。”

女孩：“这样不好吧，第一次见你家人，太寒酸了。”

男孩："这有什么，我们家都是这样买水果的。"

女孩："但去医院探病和日常买水果不一样啊！"

男孩："你听我的吧，我妈最不喜欢铺张浪费，你买这种华而不实的礼盒她肯定会觉得你爱乱花钱。"

女孩拗不过男孩，最终用塑料袋装了几斤橘子来到医院。没料想当天，男孩的哥哥也带着女友来探望住院的奶奶，还送上了一个非常漂亮的进口果篮，里面有哈密瓜、提子、樱桃、杧果、火龙果……并没有奶奶爱吃的橘子，但奶奶和妈妈接过果篮的时候明显笑得更开心。

临走的时候，男孩的妈妈把那一塑料袋的橘子递给女孩说："我们家里水果太多了，这些你带回家吃吧。"虽然语气还是客气的，但女孩却感到非常难堪。本来可以是一次愉快的见面，谁曾想却被自己的"猪队友"坑得很惨，给长辈们留下了礼数不周的印象。

我们不能去责怪奶奶和妈妈虚荣，恐怕不论换作谁都会喜欢进口果篮胜过一塑料袋橘子。礼物代表着一份心意，同时也间接显示出对方在自己心中的分量，如果递上一份让别人感到敷衍甚至反感的礼物，那倒不如什么也不送。

送礼是一门学问，这句话一点也没错。如果想挑选一件能送到对方心里的礼物，必须提前做好功课。要注意一个原则就是：不要以自己的喜好来决定送什么礼物。而我恰恰是在犯下错误后才明白这个道理。

因为酷爱美食，我每次旅行带回来最多的伴手礼就是各种各样的食物。有一次从日本回国，我特意买了当地知名的巧克力礼盒想要送给曾经给予我帮助的一位前辈。因为这种巧克力非常新鲜需要冷藏，我特意买了冰袋带上飞机，回国后第二天便兴高采烈的登门拜访。

当我把礼物送给她的时候，前辈表示了谢意，但她似乎对巧克力的兴趣并不大，随手放在了旁边的茶几上。我生怕前辈错过了品尝的最好时机，马上说道："您现在就尝尝吧！这个巧克力非常好吃，是冷藏带回来的，口感很特别，如果放的时间太长就错过最佳时机了！"

见我如此热情的推荐，前辈忽然面露难色地笑着说："谢谢你的好意，但我真的吃不了……我有糖尿病。"

自从有了这次令人十分尴尬的经历之后，我才意识到：千万不能按照自己的喜好来送礼物。送礼前一定考虑周全，必要的时候甚至要做一些“田野调查”，以免出现事与愿违的情况。

除此之外，还有一些关于赠送礼物的小贴士和大家分享：

· 牢记每一个重要的日子

原本平凡的日子，会因为一个重要的事件而变成难忘的纪念日，而礼物在这个时刻就显得尤为重要。除了生日、结婚纪念日、新年、圣诞节、情人节这些重要时刻之外，乔迁新居、就职升迁、入学或毕业这些时刻，也可以送上一份贴心礼物让你们的关系更亲近。如果担心纪念日太多记不住，不妨提前在行事日历或者手机备忘录中记录下来，并提前设置提醒，以免错过。

· 不要送贴身衣物

除非是非常亲密的家人或闺蜜，否则一定不要送贴身衣物当作礼物。内衣、睡衣，甚至冬天穿的保暖内衣都不适宜送礼，避免造成不必要的误会。

· 不要送活体动物

你知道吗，有不少人真的会将猫、狗、兔子之类的小宠物作为礼物。打开盒子钻出一只毛茸茸的小动物当然十分可爱，但送宠物这件事一定要和双方进行商榷。如果没有考虑清楚对方是否有饲养宠物的能力与责任心，请不要冲动。不要因为贪图一时高兴造成日后的遗弃与伤害。

· 包装和礼物一样重要

粗线条的人常常会忽略礼物的包装，认为那是无关紧要的东西，但事实却并非如此。馈赠礼物本身就是一件具有仪式感的事情，如果随随便便装在一个塑料袋里拿给对方，送礼人原本的美好心意就会被大打折扣。所以，哪怕是送一本书，也请为它扎上漂亮的丝带或是装进独立的礼品袋当中吧！

礼物推荐

结婚贺礼：精致对杯、情侣香水、永生花。

生日贺礼：生肖或星座手链、护肤品、钱包。

出生贺礼：刻有出生日期的纪念币、婴儿座椅、安全玩具。

乔迁贺礼：床品套装、浴巾礼盒、香薰加湿器。

入职贺礼：钢笔、名片夹、腰带。

长辈祝寿：羊绒围巾、精品茶叶、绿色植物。

拜访伴手礼：鲜花、巧克力礼盒、新鲜水果。

第四节
打破神秘的“负能量黑洞”

有一期“脱口秀”节目的主题是“人人身边都有一个抱怨鬼”。看完节目我不禁产生了怀疑：我们身边的“抱怨鬼”真的只有一个这么少吗?

毕竟爱抱怨的人太常见了！工作太累、同事内斗、朋友虚伪、爱人吵架、物价上涨、天气不好……任何事情都可以引起一场抱怨。生活中遭遇各种不顺心总是在所难免的，抱怨一下当然也无可厚非，适当的“吐槽”可以当作一种舒压方式。但是如果让抱怨成为习惯，不仅自己过得越来越不快乐，还会给周围的人带来非常不好的影响。

我曾遇到过一位非常“负能量”的同事，在他的潜意识里似乎所有人都是居心叵测的。同事在会议上发表意见被他说是哗众取宠；领导布置工作，他总抱怨自己要干的事情比别人多，被领导故意刁难；在他看来，人力行政部门每天都在盘算怎么扣员工的工资，而采购部的领导一定拿了供应商的回扣；即便是在媒体上看到明星做公益的报道，他也要把人家当作“炒作”来批判一番……

他就像生活在一个神秘的宇宙负能量黑洞之中，看不到阳光和希望。一来二去，公司里几乎所有人都不愿意和他打交道，谁会希望身边一直充斥着满满的负能量呢？

更令人担心的是，负能量的传播力和影响力往往比正能量更强。

不久前，我乘坐出租车去赴一位好友的约会，却赶上一位负能量“爆棚”的司机。他一路上没说一句好话，先是抱怨天天堵车，再来抱怨房价高、社会风气混乱，说到气愤之处还时不时骂几句脏话。

塞车已经令人不悦，又被迫接收了一路负能量，下车时我原本不错的心情开始变得烦躁起来，和朋友一见面就开始诉说刚才的遭遇，不知不觉中也成了一位负能量传播者。

爱抱怨的人在面对事情的时候看到的都是负面的、消极的部分。有些人是天生的悲观主义者，而有些人爱用抱怨来刷存在感，或者是寻找一种“大家过的都不怎么样”的心理平衡。他们自带低气压，却又具有煽动性，影响着周围的气氛，而那些容易被“洗脑”的人就会在不知不觉中被带进这个负能量黑洞，变得越来越不容易快乐。

因此在结交朋友的过程中，也要注意规避风险，多观察对方甚至要提醒自己，有没有出现下面这些情况。

嘴上怨天尤人，却从不改变现状

有一个现象不知道你发现没有，那些在公司里整天怨声载道的人，通常都不会辞职，如同有些人最爱诉说婚姻不幸，却从没想过离婚。无论是面对工作还是感情，在遇到不顺心的事情时，他们总是爱埋怨命运不公，自己不受上天眷顾，却从不曾从自身出发思考，努力去改变现状。如果有人劝他积极做出改变，他又有很多理由来为自己的不作为开脱。总之，你永远叫不醒一个装睡的人。

我认为偶尔的抱怨的确可以舒缓压力，但抱怨本身真的没有任何用处。如果你身处的环境与人际关系真的令自己非常不满，每天都心情低落、郁郁寡欢，那么干脆就果断放弃，不要让抱怨毁掉自己的人生。

敏感多疑，遭遇信任危机

看到别人在一起说话，就想凑过去听听她们在说什么，是不是在说自己的坏话？如果总有这样的想法可真是一件麻烦事。敏感又多疑，觉得别人会在背后议论自己、算计自己，这样“被害妄想”的人常会遭遇信任危机，尤其是牵扯到工作与利益。如果总认为全世界都是尔虞我诈，那么恐怕很难对别人展示友好的一面。

与其整天胡思乱想，倒不如专注于自己的事。其实别人根本就没有那么关注你，而且别人的议论对你来说也没有那么重要。

喜欢与人比较，嫉妒心强

爱抱怨的人群中有一类是属于遇事消极、总爱放大不利的；还有一类更为严重，那就是热衷于攀比，总是紧盯着别人的好运不放。

看到别人中了大奖、换了新车、升职加薪，他们心中就会忿忿不平：为什么不是我？为什么他有我没有？长此以往，嫉妒的火焰越烧越旺，人自然就会变得非常负面。

关于嫉妒，培根有过这样一句话："人可以允许一个陌生人的发迹，却不能原谅一个身边人的上升。"[1] 人们嫉妒的对象往往是身边的人，而嫉妒的可怕之处就在于它能轻易地将你推到道德的高地，去恶意中伤别人且不自知。

情绪的感染力真的不容小觑，如果你遇到那些经常传播负能量的人，还请谨慎交往。今天他和你抱怨别人，明天很可能你也成了他和别人抱怨的对象。

[1]（英）培根．培根随笔 [M]. 龙婧，译．北京：北京联合出版社，2012：26

第五节
“八卦”也要讲分寸

其实我们每个人都知道，私下里讲别人的“八卦”是一种不好的行为。

但是，亲密好友之间，谁能完全做到不分享“八卦”呢？今天撞见谁的前女友和谁的现男友在街上牵手；明天听说老板和女秘书的暧昧行程；后天目睹一场办公室的人际混战……那些充满戏剧冲突的事件，又有多少人能忍住不去和闺蜜分享？

所以，我并不想谴责“八卦”这种行为有多么恶劣，而是要聊一聊“分寸感”。要知道如果没有拿捏好分寸，真的会引起很严重的后果。

开朗少女失业记

A小姐原本是一个各方面条件都十分优秀的女孩，外形甜美、性格活泼，家境与学历也都不错，进入职场后受到前辈的照顾，几乎可以用顺风顺水来形容她的生活。虽然，A小姐平时与人相处时活泼讨喜，但她却是一个热衷谈论“八卦”的女生。

但凡娱乐圈的明星们有什么风吹草动，或是网络上出现了什么热点事件，她总能在第一时间找到相关资讯，并分享到各个微信群组。同事和朋友都说她是“八卦圈的搬运工”，有她在的时候总有很多话题，完全不用担心冷场。所以，在大家印象中A小姐是一个招人喜欢的可爱女孩。

新一年开工后，A小姐被调到了总经理办公室工作，增加了不少与公司高层接触的机会，在别人看来这是一个备受器重、大有前途的职位。不久之后，同部门入职了一位新同事B先生，他与A小姐年龄相仿，资历也不相上下，因为工作中有很多需要合作的地方，两个人很快便熟识起来。

B先生给人的感觉很“暖男”，他会积极融入新环境，认真倾听和回应别人所说的话，有时还会为同一部门的几个女生买奶茶和水果，于是乎，大家很快就把他当成了自己人。

有一天，因为某位副总突然说要改变行程，A 小姐不得不在周五晚上留下来加班，更改领导的会议计划。A 小姐回到座位的时候，脸上不禁流露出不悦的神情。B 先生走过来询问，A 小姐抱怨道：“本来全都安排好了，行程也早和领导们确认过，X 总非说明天要去香港。”

“你知道他为什么要去香港吗？”

“我怎么敢问？”

“你有市场部小 Z 的微信吗？”

“有啊，怎么了？”

“明天你看看她的朋友圈。”

B 先生留下这样一句莫名其妙的话之后，就打卡下班了。直到隔天周六的晚上，A 小姐点开市场部小 Z 的朋友圈，看到她发了一张蛋糕与红酒的照片，文字内容是在庆祝生日。A 小姐忽然惊觉，朋友圈的定位是在香港？难道……

X 总可是有家室的稳重男人，这一刻，A 小姐的八卦之心被点燃了！她开始翻看小 Z 之前发过的朋友圈，想要捕捉更多的蛛丝马迹。

她在周六当晚就给 B 先生发微信说：我看到照片了，X 总和 XX 之间，恐怕不单纯。

之后，当 A 小姐在小 Z 的朋友圈看到照片中出现疑似某人的手时，疑似小 Z 坐在某人的副驾驶时，或者小 Z 在酒店拍名牌包和鞋子的照片时，她都会截屏转发给 B 先生讨论，两个人之间因此多了一个秘密话题。

三个月后，某天下班时 A 小姐接到了 X 总的电话，请她到公司附近某家餐厅的包间来一趟。当 A 小姐疑惑地走进包间时，看到 X 总一个人坐在桌旁，气氛十分凝重，她忽然有一种不好的预感。

果然，X 总问她是不是在公司散播了关于自己和小 Z 的事情，A 小姐立马紧张慌乱、不知所措，连忙矢口否认，但对方却掏出了手机放在桌上说，B 先生已经把他们之间的对话内容发给了自己。此时，B 先生居然从门外走进来，他用温和的语气对 A 小姐说："你不要怪我，我是觉得你对 X 总有些误会，他和小 Z 不是那样的关系，与其在私下谈论，还不如大家面对面讲明比较好。"

这一招，真的是致命绝杀！

A 小姐无法再在公司待下去，迫于压力她主动提出了离职，而 B 先生顺理成章接管了她的工作。其实，明明是 B 先生挑起的“八卦”序幕，而 A 小姐也只和他一个人说，并没有到处散布。只是当时人证、物证都摆在眼前，加上当事人的正面对质，A 小姐怎样解释也无济于事。

她万万没想到，职场“宫心计”换成异性也一样演得龙飞凤舞。

可这又能怪谁呢？谁让自己爱说“八卦”偏偏还找错了对象！

在这场风波中，很明显 A 小姐没有掌握好“八卦”的分寸，想议论评价别人的事，最重要的原则就是衡量“距离感”。千万不要和近距离接触的人议论另一个近距离接触的人，大家同在一个小环境当中，你无法预测是否有人心怀不轨，或是哪一天，友谊的小船说翻就翻。当倒戈的矛头忽然指向自己时，再后悔恐怕是为时已晚。

另外，对于从别人那里听来的事情，不可以完全相信，更不要添油加醋、以讹传讹。我认识这样一个女孩，她能把所有道听途说的事情进行二次加工，讲得绘声绘色、光怪陆离，就仿佛自己亲身经历了一般。

起初大家还信以为真，后来渐渐发现这是她惯有的特色，从此之后，大家对于她所说的事情很少再当真，权当是听了一段故事。长此以往，她信任感遭遇严重缺失，对她的形象和口碑自然会造成负面影响。

凡事都会相互作用，你议论别人，别人也在议论你。若想成为一名受人尊重的优雅淑女，最好的方式还是做好自己，置身于“八卦”之外。但有时“八卦”也是生活的一部分，我们可以议论，可以发表看法，但请不要带着诋毁、诬蔑的恶意，尤其要注意这中间微妙的分寸感。

毕竟，口舌之间最易窥见人品。

你站在桥上看风景，看风景人在楼上看你。

明月装饰了你的窗子，你装饰了别人的梦。[1]

——卞之琳

[1] 卞之琳 . 鱼目集 [M]. 北京：中国文联出版社，2009：7

Chapter 3

第三章

最好的时代也是最坏的时代

我们的生活正经历着前所未有的高速与便捷，

但随之而来的种种新问题，也常令人感到猝不及防。

欲戴王冠，必承其重，

你准备好应对面前发生的一切了吗？

第一节
科技越来越强，我们越来越弱

新的一天，被手机闹钟的铃声唤醒，习惯性打开微信朋友圈，先刷几下再起床；出门的时候扫码解锁一辆共享单车骑到地铁站；上班途中追一集昨晚没看完的电视剧，看几篇公众号的文章，再顺便查一下前两天网购的物流信息。

中午用订餐软件叫个外卖，下午再买杯咖啡；周末想看新上映的电影，提前在手机售票软件上选好位置买好票；上司交代的报表不会做，不要紧，先上网去找一个参考模板；要外出办事不认路，没关系，打开手机导航软件去哪里都不成问题……

看到以上生活场景，是不是感觉非常熟悉？

今时今日，科技的飞速发展让我们的生活发生了翻天覆地的变化，沉浸在越来越便捷轻松的日子之中，我几乎已经快要忘记曾经还有过看黑白电视、放磁带听歌、生僻字要按偏旁部首查《新华字典》的岁月。

记得十多年前我第一次去日本旅行，想要顺便拜访一位当时在京都留学的朋友。但那个时候并没有像现在这样方便的智能手机和随身 WIFI，我当时用的手机在国外也无法接打电话。于是，在日本期间，我们就靠电子邮件来沟通，联系起来非常不方便。

相约见面的前一晚，我用酒店的网络发邮件给她，约在隔天上午九点半在京都车站伊势丹商场的大门口见面，她也回复“收到”。但是，当天我足足站在那里等了一个多小时都没看到她的身影。好奇怪啊，她以前都是很守时的，难道睡过头了？不会是记错时间了吧？莫非发生了什么意外……

这期间，我的“内心小剧场”上演了无数跌宕起伏的戏码，我应该在原地继续等还是离开？可是如果我马上回酒店发邮件，她也不一定能看到。我该怎么办？

一个多小时之后，我的那位朋友终于气喘吁吁地赶来了。原来她早上突然有急事要回学校去处理，但因为无法联系我又害怕我会一直在这里等，她只好火速办完事情后飞奔而来。见面之后我们都松了一口气，也不禁深深感慨，那种沟通受阻、束手无策的感觉真的太无助了！

但近两年，当我再去日本的时候，发现衣、食、住、行各个方面几乎都没有障碍了，只要随身带好手机和移动 WIFI，不会说日语也能自由行。看不懂日文，即时翻译软件现场就能搞定；想去某个景点参观，在谷歌地图中输入目的地，连几点几分乘坐哪列地铁都帮你规划好；想要购物，几乎每个商场和药妆店都可以使用支付宝付款……

科技所带来的改变，让世界越来越小，我们的眼界越来越开阔，体验到前所未有的便捷，这些都是令人无比喜悦的事情。但与此同时，也有另一个应运而生的问题值得我们好好思考：当科技产品越来越智能时，我们是不是反而变得越来越懒惰，甚至蠢笨？

如果拿走键盘给你一支笔，你还能流畅地写出一封信吗？不查看手机通讯录的话你能背出几个人的电话号码？没有备忘录提醒，还记得家人和好友的生日日期吗？多久没有认真看过书了？如果出门没带手机是否会感觉无比焦虑？我们虽然享受着科技发展带来的各种便利，同时也在被科技悄然改变思维方式、改变记忆方式。

曾经在报纸上读到过一位美国认知心理学教授的文章，他表示如果一个人总是习惯于把需要记忆的东西存储于电子设备之中，很可能他不会触发大脑中的认知功能去记忆这些信息，长此以往的话，记忆信息的能力会慢慢减弱。

一位好友最近和我抱怨说自己的记性越来越差，什么都记不住，对此我也深有同感。在网络上看了一篇文章，当时似乎记住了，过几天再看好像从未看过一样。我甚至怀疑是不是到了一定的年龄，人的记忆力就会明显减退？但仔细想想，我们把太多需要使用大脑的事情都交给了科技，备忘录会帮我记住日程，搜索引擎会帮我解答疑问，而每天所接收的碎片化信息又如此之多，最后能记住的却寥寥无几。

有观点认为网络搜索引擎提供的海量信息容易令人失去鉴别能力，并且人们在搜索信息之后可能会产生一种自我膨胀感，即便是被问到了自己不懂的内容，偷偷拿出手机搜索查找一番也能马上找到答案。一来二去，自我感觉愈发良好，甚至产生了一种自己聪明博学的错觉。

不仅大脑变得“懒惰”，现代科技还可以让人足不出户就满足生活需求，懒到不出门的“宅男宅女”越来越多。长时间面对计算机和智能手机，我们的健康也会受到影响，除了视力下降之外，从颈椎到腰椎，出现问题的人越来越多。电子产品会发出蓝光，阻止夜间人体褪黑激素的分泌进而影响睡眠，网络上总有类似这样的段子：睡前想玩一会儿手机，结果玩着玩着天就亮了……

无须质疑科技发展对于改变人类生活的重要意义，但事物总会具有两面性，我们要具备辩证看待问题的意识。从某种角度来说，“懒”才是创新的原动力。正因为很多事情人们嫌麻烦不想做，才会激发人工智能技术不断攀升至新的高度，而高度便利的生活却又将我们带入一个高度享乐的时代。

所以说，这是最好的时代，也是最坏的时代。但无论外界如何风云变幻，你所选择的态度与方式才是决定生活的关键。

第二节
不可忽视的微信礼仪

互联网正改变着我们的生活习惯，微信的普遍应用也在无形之中改变了人们的交流方式。尽管每个人都拿着手机，但手机号码具体是多少似乎已经没人在意。现在陌生人相见相识，最常说的话就是：我们加个微信吧。

不得不说，用微信沟通真的很方便，文字、语音、图片、视频、文件……各种各样的内容都可以发送。即便更换新手机也不必像过去那样麻烦地“搬运”通讯录，直接登录微信，所有人的联系方式都保留在其中。但是，在互加微信尤其是开放朋友圈权限之后，原本陌生的两个人会突然间进入对方的生活之中，这个速度实在有点惊人。

在交换名片的时代，人与人之间至少可以保持一个礼貌而安全的距离。毕竟有些时候，我们可能对于新认识的人并没有什么好感，后续也不想再和他有任何联络，那么他的名片就可以当作从没有见过。但是当下，无论我们愿意与否，都已经身处在这样一个高效、快速的社交时代。所以，无论沟通交流的方式如何改变，必要的礼仪一定不能丢掉。

1. 面对面加微信前，不妨再多聊一会儿

无论是在工作场合还是在私人聚会上，我们总会遇见一些社交圈略有交集的陌生人，相识之后互加微信当然也无可厚非。但是，我对于刚一见面不由分说就要先加微信的人，难免会产生一些不太舒服的印象。

相识总要经过一些沟通，在加对方微信之前不妨先多聊几句，互相介绍一下自己，聊聊会产生交集的话题，感受彼此的谈吐与气质，我称之为“气场碰撞”。每个人都拥有属于自己的气场，有些碰撞会产生和谐的相融，而有些则是完全对冲，一见面就互相看不顺眼的情况并不罕见。

当你们经历过初步的沟通之后，就可以自然而然地找到一个契机互加微信；但如果遇到完全不想多聊一句的人，就可以假装有事，先“闪”为妙。

2. 添加好友时，请务必自报家门

如果给陌生人打电话，我通常都会用这样的方式开场：“您好，请问是某某吗？我是某某，今天找您有这样一件事情……”

在与不认识的人首次打招呼时，先自报家门可以说是最基本的原则之一，我们在进行电话沟通时可能都有这个意识，但换到微信上，有些人却忽略掉这一点。我就曾不止一次遇到过这样的人，突然加我微信发来验证消息，但却不说自己是谁，为什么加我的微信，所以，我通常都不予理会。

有一次，又遇到不自报家门的陌生人加我微信，我依旧没有理睬。过了半天，接到一个男士打来的电话，他说自己是某公关公司的某某，他的同事将我的电话号码发给他，他有些工作上的事情想与我沟通，但我却一直没有通过他的微信好友申请。

Excuse me，这种事你不说，谁又会知道呢？微信上显示的头像、名字都是虚拟的，谁能猜到你是谁？毕竟现在有些人会利用微信进行各种推销，甚至诈骗。在需要和对方互加微信的时候，请一定先介绍清楚自己是谁。

如果你已经添加了对方的微信，请备注好姓名、公司等信息。毕竟你们在生活中并不熟悉，甚至不曾谋面，一旦更换了微信头像和昵称，很可能再也认不出来。而且，能够在以后的交流过程中准确地说出对方的名字，也是一种礼貌。

3. 发送语音信息要分清场合

使用微信交流的时候，很多人都爱用手指按着手机屏幕录一段语音直接发过去。虽然这样做感觉轻松又方便，但还是多考虑一下接收消息的那个人吧！也许，此刻你所在的场合可以随便说话，但对方此时却不一定能够随便听，如果他正在会议室中开会或者在拥挤、嘈杂的地铁上，一段段语音发过去，让对方怎么播放呢？

除非是在家中和好友一起语音闲聊，其他场合我都会提醒自己发文字不要发语音。除了可能会影响到对方之外，那一串串标记着时长的语音信息根本难以分辨，一旦没有听清楚或是想寻找其中某些重要信息，还得从头再听，真的非常不便。网络上甚至有人评价说，动不动就发微信语音，是一种自私的表现。所以，请勤快一点多动动手指，在发微信的时候优先选择文字吧。如果要沟通较复杂的事情，可以在征得对方的同意后，直接进行语音或视频通话。

4. 介绍朋友互相认识，先建个小群组

如果因为某些原因，需要把好友列表中的 A 介绍给 B 认识，

你通常会怎么做？不少人会直接把 A 的微信名片推送给 B，但这个动作其实有些不妥当。

A 和 B 原本素不相识，第一次沟通起来难免会有尴尬和不信任感，而自己作为牵线搭桥的中间人，如果能建立一个临时的小群组，在群组中简单介绍一下彼此是谁、有什么事情需要沟通，这样一来即便是不相识的陌生人，也会因为有你的存在而感到更加放心，同时也体现出自己对双方的尊重与礼貌。

5. 别在意对方有没有开放朋友圈

如果在互加微信之后，发现对方没有对你开放朋友圈，想必有些人会觉得心里很不舒服，进而产生他是不是讨厌我，他是不是自命清高等一系列莫名其妙的猜测。

其实碰到这种情况，真的不必放在心上。毕竟你们只是有过一面之缘的陌生人，并不是朋友，尤其是因为工作原因而互加微信的人，为什么要纠结能不能看到对方的朋友圈呢？

不妨换个角度想一想，如果是交换名片的话，谁会按名片上的地址跑到对方公司看他每天做什么、吃什么、和谁在一起？但现在正是因为微信和朋友圈捆绑的关系，才形成了这种关联模式。面对不那么熟悉的人，你可以选择开放或关闭自己的朋友圈，但不能以同样的标准去要求别人，也不必过于“玻璃心”。

人与人的交往，终归还是需要一点安全距离。

第三节
别让“朋友圈”变了味道

记得微信朋友圈刚开始流行的时候，大家的社交方式都随之发生了令人惊喜的变化。朋友们无论距离远近，在这个平台上都可以尽情分享各种美食、旅行、心情、爱好以及生活中大大小小的事情，那些图文并茂的内容真实可爱，让每天的生活都变得丰富起来。

“朋友圈”诞生之初，原本是一个供朋友之间交流分享的休闲娱乐平台，甚至有点像是互联网时代的“交换日记”，但是，很多人渐渐发现，自己的“朋友圈”已经慢慢变了味道……

有人做了微商，擂鼓筛锣地兜售一些来路不明的产品；有人推销保险，天天发“洗脑文”，以为自己在造福人类；有人成了代购，每天在“朋友圈”发很多代购物品信息；还有铺天盖地的广告软文防不胜防；也有不少商家利用各种诱导方式想借助朋友之间的传播来求点赞、打广告、做推销……曾经带给我们欢乐的朋友圈，如今却让人感觉十分无奈，泛滥的商业植入，让很多人曲解了朋友圈原本的意义。

除此之外，越来越多的人互相添加成为微信好友，反而让我们变得不敢自由表达。相信你的微信好友列表中也有一大群亲戚、长辈、领导、同事以及在各种场合中见过一次，却完全对不上号的陌生人。请问在这样的情况下，还有多少内容可以发布出来呢？

写到这里，我不禁想起一件令人哭笑不得的小事。我在朋友圈中的言谈风格非常互联网化，时常会发些搞笑或者夸张的句子，认识我的朋友几乎都了解我这种风格。一开始的时候我把亲戚、长辈们全都设置了屏蔽，直到我的妈妈也逐渐学会了刷朋友圈。有几次她曾旁敲侧击地想让我给她开放朋友圈，后来我照做了，麻烦的事情也就来了。

一天早晨我打车上班，出租车司机错过了主路去往辅路的出口，只能再往前开出去很远才能掉头回来。当时我预感一定会迟到，非常无奈地在朋友圈中发了一段话：司机大哥，请问

日历
时钟
备忘录
设置
通讯录
计算器
音乐
语音备忘录
微信

你要把车开去哪儿？我上班要迟到了啊，救命。

过了大概不到一分钟，我的妈妈在下面留言：怎么回事？要不要报警！我愣了几秒钟，只好再单独联系她说我没事，司机走错路而已，我发的“救命”只是一种情绪助词。

还有一次，我办了一件特别愚蠢的事情而后悔莫及，我当时又在朋友圈中发了一句：天呐！我到底有多蠢？！真是被自己蠢哭了，想死！

又是约莫 1~2 分钟左右，评论里出现了我妈妈的留言：别说死，我听了很难受。最搞笑的是大姨紧接着在妈妈的留言下十分认真地回复道：她不是真的想死，这只是年轻人一种开玩笑的方式。

长辈们的关心当然没有错，但这样一来真的会给我们小辈造成一些压力。加之微信中因工作而建立联系的人越来越多，我的朋友圈分享便设置了很多个群组，每发一条内容就要考虑哪些人可见，哪些人不可见。并且会小心翼翼地考量，这样说话会不会伤害到某些人，毕竟喜欢对号入座“玻璃心”的人比比皆是。一来二去，也就变得愈发不想再发布带有真实情绪的内容。

某一次我和几位在互联网行业工作的朋友吃饭聊天，一位业内人士说道：“在微信朋友圈异军突起的那几年，微博的人气真的有点儿开始走下坡，但近几年微博的热度和流量又起来了，回归的人越来越多。”

这背后的原因显而易见，毕竟，微信的朋友圈已经变得不那么单纯。尤其对于“90 后”“95 后”这些个性更加鲜明的年轻人而言，朋友圈早已“沦陷”，很多人都设置了“仅展示最近三天的朋友圈”。

他们称自己是“开朗型自闭”，平时一个个都表现得内向稳重、不喜言辞，但是只要走进了自己的舒适圈，用“浪出花”来形容他们也不为过。网友评论说，我最大的心愿就是同事们别发现我的微博小号。甚至还有人总结：微信朋友圈就像客厅，而微博才是卧室的被窝。

面对今时今日的局面，也许每个人都需要重新审视与反思。原本希望借由这个庞大的网络社交平台拉近彼此间的距离，但如今怎么反而变得更加疏离？还有些人甚至形成“礼节性点赞，骨子里厌烦”的心态。很多时候，我们反而是当局者迷，在不知不觉中发布了很多令人反感的内容，不如对照下面这个排行榜来看看自己的朋友圈有没有变味。

令人反感的朋友圈内容 Top10

Top1 不转发不是中国人，不转发就会有噩运

Top2 微商、保险、代购的各种信息刷屏

Top3 令人尴尬的大尺度图文

Top4 求关注、求投票、求点赞、求转发

Top5 说莫名其妙的话，搭配美颜过度的自拍

Top6 时常传播负能量、怨天尤人

Top7 “晒娃”狂魔，孩子做什么都要发朋友圈

Top8 这样做能抗癌、那样吃会致命，散播伪科学

Top9 网上乞讨，四处要红包

Top10 鸡汤文、成功学

第四节
冷漠不是个性，重新学习握手、拥抱

在情窦初开的年纪，怀春少女们总是被看起来冷漠、沉默寡言的男生所吸引，认为他们个性十足、格外帅气。从“追星”这件事中也不难看出，高冷型的“爱豆”（偶像）总是特别受欢迎。

喜欢冷峻帅气的偶像当然可以，但喜欢并不一定要去效仿，毕竟我们在生活中要面对的是家人、朋友、师长、领导，而不是追星的“粉丝”。况且，很多在银幕上看起来很酷的明星，私下里都非常有礼貌，亲和而敬业。

时至今日，在互联网时代，我们随时随地可以打开智能手机，接收全世界的各种资讯，与各种人时刻保持互动，但这些似乎并没有给人与人之间带来任何有温度的亲切感觉，取而代之的，是虚拟社群关系中的疏离与冷漠。

同事聚餐的时候，十几个人围坐一桌都各自低着头玩手机；工作中或感情中遇到问题从不愿意正面沟通，而是在朋友圈里发出几句指桑骂槐的言论；令人担忧的还有越来越多的青少年时时刻刻捧着手机把自己沉浸在网络世界之中。过年时，亲戚带着孩子来家中给长辈拜年。14岁上初中二年级的男孩子，从进门开始就几乎没有说过话，也不向长辈问好，只窝在沙发上自顾自地玩手机，用他的方式尽情“做自己”。

被网络和智能手机捆绑的时代，每个人看起来似乎都很忙，但大部分人只是用这种形态上的丰富多彩来排挤本质上的空虚。

冷漠，已经逐渐成为一种社会常态。

人在年青的时候总喜欢对高冷的人着迷，但是只有经历了岁月的积累，拥有成熟的心态之后，才会发觉遇到一个善良温暖、有幽默感且一直愿意和你聊天的人，才是最幸运的事。

冷漠而高速运转的互联网时代，寻回久违的温暖，不妨从身边的小事开始做起。

不只是“点赞之交”

网络催生了很多流行词汇，其中的“点赞之交”颇有些意味。就如同陌生人见面有点头之礼，在朋友圈中就存在着一些“点赞之交”。有的人喜欢在看到的各种内容下点赞，表面上看起来是相互熟识、互动频繁，但实际上有些人可能面对面都认不出对方是谁。还有的人是盲目吹捧的点赞，比如看到领导或客户在朋友圈发布的内容，即便根本不想点开看具体内容，也要一条不落地全都点赞。

与其在朋友圈做机械的“场面社交”，倒不如在生活中多关心一下身边的人。看到朋友发牢骚时，可以打电话给他问问出了什么问题；看到同事分享了旅行美照，在办公遇见他的时候可以当面夸他，还能一起交流旅行心得……这些小举动都会让对方感觉到自己被关心、被重视，多一些真诚的交流，我们可以不只做个“点赞之交”。

享受与家人围炉夜话的时光

“世界最遥远的距离，并不是我站在你面前，你却不知道我爱你，而是我们面对面坐在一起，你却在玩手机。”这样的场景实在不胜枚举，一桌人聚餐时却各自不说话、低头玩手机，场面令人十分尴尬；即便是同在一个屋檐下的一家人，也会发生这样的事情。

无论是节假日的家庭聚会，或者是夫妻下班回家后的晚饭时间，一家人围坐在一起闲话家常，原本就是一种增进情感的好方式。但现在却因为各自都放不下手机，而白白浪费了这段好的时光。

有多久没有和爸爸妈妈好好聊过天？有多久没有夸奖爱人做的饭菜好吃？爱如细雨，润物无声，而身边最亲近的人却往往最容易被我们忽略。请放下手机，好好享受和家人共处的时光吧！

你好，邻居

小时候曾住过胡同、大院的人几乎都有这种感觉，附近的邻居进进出出，每天都会遇见，大家有事会互相帮忙，就像家人一般熟悉、亲切。但自从住进高楼大厦，这种感觉就逐渐消失殆尽。邻居在狭小的楼道或电梯中碰见，热情的人多少还会点头致意，而大多数人则选择擦身而过，不做任何交流。有的人甚至在一个地方住了十几年也不知道邻居是谁。

在很多欧美国家会保持一种“乔迁礼仪”，新搬家的人会带上小礼物或者自己亲手制作的曲奇、蛋糕，去邻居家拜访。周末的时候，邻里之间喜欢组织一些派对来相互结识，增进感情。

都市丛林中的动物已经习惯了冷漠，但远亲不如近邻却也是一个不争的事实。下次遇见邻居的时候，不如先露出微笑打个招呼吧！

多和陌生人说话

小时候，家人总是叮嘱“别和陌生人说话”，但现在我们长大了，有了分辨是非与自我保护的能力，所以，是时候多和陌生人说说话了。

有些人总爱强调自己有社交障碍，无法与陌生人交谈。事实上，是我们对网络生活的过度依赖加重了心里的不安和焦虑。虚拟世界将你保护得那么好，跳出舒适圈的确有些困难。鼓励自己多和生活中能遇见的人交流，无论是其他部门的同事，还是朋友的朋友、送快递的人员、菜市场的阿姨……你完全可以试着和那些不令你反感的人多聊几句。

减少对手机、对网络的依赖，走出舒适圈开始尝试握手和拥抱，慢慢你会发现自己的心态变得越来越阳光，人也会越来越有自信。人工智能虽然已经能够模拟人的思维与意识，但人与人之间最原始的相处方式才是我们温暖的来源。

BOLLINGER
BOLLINGER

第五节
放下手机，发现身边的小确幸

一个普通的星期五下午，结束了一周繁忙工作的四个女孩从这座城市的四面八方赶往同一家餐厅，赴一场雷打不动的闺蜜聚会。

她们几乎每天都会在微信的小群组里聊天，分享那些开心或烦心的事情，互传照片，转发有趣的文章，或是抱怨老板和“渣男”……就连此时此刻，在路上的几个人还在相互分享各自的位置，知会先到的人去餐厅占个好位子。

无论在谁眼中，她们都是关系亲密、无话不说的好姐妹。

待到四个人在餐厅碰面，准备点菜的时候，A 小姐打开手机说：“等我先查一下，看看网上评价，哪些菜最受欢迎。”B 小姐也趁机上线和游戏群组里的队友约晚上“开战的时间”，坐在同一侧的 C 小姐和 D 小姐开始用新下载的自拍软件拍照、修图，前一秒钟还有说有笑的几个人忽然间陷入一片沉默之中。

约莫过了十分钟，服务员走到她们的桌边询问：“请问需要点菜吗？” A 小姐开始负责点菜，其他几个人还各自举着手机在微信群组里分享刚才拍的照片。这时，服务员微笑着递上一个木质盒子并说道：“请大家吃饭的时候把手机都放进这个盒子里。”

四个人同时抬起头，露出惊讶的表情，服务员继续说：“如果在这一餐的时间里，每个人都不去拿盒子里的手机，最后结账的时候可以享受 8 折的优惠。我们希望大家在吃饭的时候能好好享受美食，能和朋友们面对面地说话。”

出于新鲜感和打折的诱惑，四个人都把手机放进了盒子里，但大家都有些不适应。十分钟没有看微信，就感觉错过了无数人发来的信息；当菜被端上桌的时候，本想和以前一样先拍照，但因为不能去拿手机，这一次每个人都在第一时间让味蕾与美食亲密接触，而不是先用照相镜头“问候”盘中的菜品。当面对面的交流渐入佳境时，女孩们逐渐忘记了手机的存在，当晚的聚会也显得格外愉快，让人意犹未尽。

回想以前智能手机还未普及的时候，我们的社交模式几乎都是走出家门，与人面对面地交流。时至今日，大家似乎更愿意宅在家里玩手机，互相到对方的朋友圈里点个赞就算交流了。即便和朋友聚会，也常常是一群“低头族”围坐在一起各玩各的，场面十分冷淡。

手机没带在身上就心神不宁，无法认真工作；一会儿不看微信或朋友圈就感觉错过了很多重要的事；经常把别人的手机铃声误认为自己的；明明有很多重要的事情等着去做，却还是想先打开手机玩一会……越来越多的人慢慢患上了“手机依赖症”。

其实，手机并没有我们想象中那样必不可少，过度依赖手机，加入“低头族”，会让你在不知不觉中错过很多美好的事情。

当我的好友被“手机依赖症”困扰时，日本电影《小森林》带给她很大的触动与疗愈。

有一段时间，因为工作的关系，她每天都离不开手机、网络、新媒体、热点话题……各种碎片化的信息与忙不完的琐事充斥着她的生活。手机中有很多个与工作相关的微信群组，不分工作日还是休息日不断滚动着消息，手机成了焦虑的催化剂。

尽管每天要阅读许多热点话题与新媒体文章，但她说那些没有营养的碎片内容根本无法留在记忆当中，和阅读书籍的体验完全不同。她一度变得焦躁、易怒、自闭且健忘，忘记亲人的生日、忘记朋友的邀约，甚至有些时候会忘记自己该在地铁的哪一站下车……

某一个周末的晚上，她开完最后一个电话会议之后愤怒地把手机关机并扔到一边，打开笔记本，无意中点进《小森林》的页面。电影分为夏秋篇和冬春篇两部，几乎没有任何跌宕起伏的剧情，讲的是一位年轻的女孩市子在东京闯荡后，因为不习惯都市生活的繁华嘈杂于是重新回到故乡小森，在老旧的木屋中一个人生活的故事。

她自己动手用最简单的方式生活，用山林村落之间那些遵循自然规律而生长的食材烹饪，有时会陪着猫咪或是好友、邻居一起坐在旧旧的木板上，望着院子聊天。市子喜欢骑着单车经过绿油油的稻田，经过春天的樱花、夏天的蝉鸣、秋天的果实与冬天的白雪……电影中的每一个画面，都是那样安静而美好。

看完两部电影之后已经接近天亮，日出前微凉的晨风吹起窗帘灌进屋里，她走入阳台，望着天空一直在默默流泪。不是伤心，而是一种被治愈的平静与温暖让她突然很想哭。也许，在每个人心中都有一个归隐山林的梦想吧。

自那时起，这位好友就下定决心减少对于手机的依赖，改变现在这种令她无比焦虑的生活。因为不能随时在线上待命，她被部门的领导请去办公室单独约谈，而她也顺势提出了辞职的想法。

离职后的她在经历短暂的休整之后，找到一份学校的工作，尽管薪酬比从前降低了不少，她换租了小一些的房子，不再需要加班和晚睡，不再每天捧着手机看个没完，她逐渐恢复了阅读、运动和旅行的爱好，下班的时候会到菜市场去买些新鲜蔬菜回家自己做饭。等到我们再次见面的时候，她整个人的状态都变得非常好。

其实我们都明白，成年人的世界里从来都没有“容易”这两个字，有些人为了自己的目标的确可以去适应快节奏的高压生活，与此同时，也要允许有些人的无能为力。

如果因为工作而产生了手机依赖，勉强算作外力影响可以

体谅，那么自我沉迷与放纵着实太不应该。网络上曾流行过这样一句话：为什么要睡觉？为什么要交朋友？难道是手机不好玩吗？

手机当然好玩，打游戏、看电影、购物、聊天……有趣的事情数不胜数，沉迷于玩手机的人总感觉自己每一天的生活都精彩纷呈，但实际上虚拟空间更容易让人空虚，心灵层面越来越孤独。

常常熬夜玩手机的人注意力很难集中，来自四面八方的干扰和诱惑太多，导致无法专注于某件事物，渐渐失去深度思考的能力，身体健康方面也会遭遇更多的问题。

放下手机，试着去发现你身边那些被忽略的小确幸吧！

在这个随时随地就能了解一切的社会中，坚持自己与信息之间，保持适当且令人舒服的距离。那种快速地、轻易就能到手的信息，其中优质的内容通常少之又少，更会为自己带来压力。[1]

——松浦弥太郎

[1]（日）松浦弥太郎 . 轻声说再见 [M]. 许明煌，译 . 长沙：湖南文艺出版社，2018

皇后镇。 供图 / 新西兰旅游局

Chapter 4

第四章

任何地方都别丢掉优雅光环

现在和年轻女孩子聊“规矩”这件事，很可能会被反驳：

都什么年代了？

为什么要拿条条框框约束我？

现在就是要尽情放飞自我啊！

真高兴我们正生活在一个女性力量逐渐觉醒的时代，

越来越多的声音可以表达，越来越多的光芒勇敢绽放，

但我想，无论女性的地位与风格如何变化，

很多“规矩”依然不能丢。

我们当然可以拥有以梦为马、仗剑天涯的潇洒，

但细节处的品格与修养，永远不可摒弃。

正是它们赋予了“女神”耀眼的光环。

第一节
餐桌礼仪，淑女的第一堂必修课

“未曾学艺先学礼，未曾习武先习德。”

从古至今，东方文化中都极其重视礼仪德行，即便一个人天资不够聪慧，但若是他懂规矩、有教养、品行端正，那么依然会受到尊敬；相反的，若一个人十分聪明狡黠，但心术不正、行为粗俗，想必也会遭人厌恶，人们唯恐避之不及。

待人接物中，展现礼仪的方式非常多，而“吃饭”最能够在短时间内透露一个人的真实状态。我遇见过这样一位同事A小姐，样貌娟秀、长发披肩、语气温柔，是一位形象气质俱佳的女生。而且，她的工作态度与工作能力可圈可点，主管领导也有意要重点栽培她。

有一天，领导要请整个团队一起吃饭。聚餐的地点选在一家风格古典的中式餐厅，实木桌椅、青花餐盘，琵琶古曲衬着小桥流水的景观，环境相当风雅。难得整个部门的同事聚在一起不谈工作，大家聊得十分开心。当饭菜上桌后，聊天间隙偶尔传来一个奇怪的声音。席间有人因为这个声音停止聊天并四处张望，发现这声音竟然来自A小姐，用直白的话讲，她在“吧唧嘴”。

A小姐似乎没有发现周围同事表现出了异样，还一边吃，一边点评道：“这道菜味道真不错！”“以前不知道这家餐厅这么好，以后我也要带朋友来。”

“吧唧，吧唧，吧唧……”

我察觉到身边好几个同事在一瞬间都显露出尴尬的沉默，但出于成年人之间的面子，并没有人指出来，依然假装没有听见。直到聚餐结束大家纷纷离开餐厅，一位平时私交不错的女孩开车载我，途中她问：“你着急回家吗？不着急的话陪我去吃点东西吧。”

“咱们不是刚吃完饭吗？”

她翻个白眼“哼”了一声：“某某一直坐在我旁边吧唧嘴，那声音让我根本吃不下饭。”

A 小姐这个坏习惯不仅影响了同事，而且也让领导在外出洽谈或是商务宴请等重要社交场合，选择带其他同事出席。原本被领导器重的 A 小姐反而受到冷落。

一起吃饭会让人卸下平时的拘谨与防备，因而在餐桌上更容易暴露彼此真实的素养。身处社交场合之中，为了自己的形象甚至未来发展，我们要时刻自省，注意餐桌礼仪。

1. 声音是餐桌上的“雷区”

除了吃饭时吧唧嘴是用餐大忌之外，喝汤、吃面时发出声响、令餐具相互碰撞发出声响，咕咚咕咚大口喝水、吃饱后打嗝……这些都会破坏你的优雅形象。

2. 端正坐姿

吃饭时很多人都容易放松精神，佝偻着腰身，坐姿歪七扭八，姿态十分难看。吃饭时要尽量坐直上半身，不要用手托着脸，也不要左右晃动身体。

3. 把胳膊从餐桌上移开

真的有不少人在用餐时仿佛要俯在桌上一般，两只胳膊肘全部张开架在桌面上。如果是人数较多的圆桌型聚餐，千万不可以这样做，这样很容易妨碍到身边的人。

4. 餐具不要完全放进嘴里

用筷子夹起一块食物或者用汤匙舀上一勺汤，把它们送到嘴边食用就好，不要送入口中太深，将餐具完全放入嘴中再拿出来的画面很不雅观。

5. 远离“舔盘”行为

“舔盘”并不是说真的像小猫、小狗一样伸舌头舔盘子，相信正常人不会当众做出如此不雅的举动。这里想说的是无论你有多爱吃这道菜，也不要在公共场合用米饭、面包等食物去“打扫”盘中的最后一点残羹，淑女绝对不会做这样的事情。

6. 使用公共餐具分餐

中国人的饮食习惯中没有讲究分餐，大家都习惯了在一个盘子里夹菜。但很多外国人无法接受中国的火锅，他们看到那么多人都用沾过口水的筷子在一个锅里涮来涮去，觉得实在太不卫生。除了和家人一起吃饭之外，在社交场合中用餐，请尽量使用公筷。

除了要注重行为礼仪之外，用餐时还有一些特别“危险”的食物也值得我们引起注意，否则，它们在不知不觉中就会成为破坏优雅气质的捣乱分子。

1. 硬壳类的海鲜

海鲜在餐桌上深受大家欢迎，尤其是螃蟹、龙虾或各种贝类，这些食物虽然味道美味，但想吃进嘴里并不是那么容易的事情。试想一下，如果你在一场优雅的晚宴中穿着精致的礼服，却要徒手去剥壳并弄得到处都是汤汁，实在有失优雅，但若是用筷子或是刀叉又非常不好操作。

如果和好朋友约在街边的海鲜大排档吃夜宵，全程用手剥壳都没问题。但若是注重仪态的饭局，请尽量避免挑战这些“铁甲战士”，或是确认食物上桌前已经做过去壳处理之后再点餐。

2. 带有骨头的肉类

红烧排骨、麻辣鸭脖、羊蝎子火锅……每道菜听起来都很诱人，但即便是如奥黛丽·赫本一般优雅美丽的女神，啃食排骨或鸭脖的样子恐怕也不会太迷人。所以，重要场合就尽量避开这些带骨的食材吧。

3. 带籽的水果

已经削好皮、切好块，可以直接食用的水果盘是聚餐中最好的选择，但如果吃到西瓜、葡萄、枣这些需要吐籽的水果，请先准备好一张纸巾叠放在手中，轻挡住嘴把籽吐在纸巾上，最后再包起来放在餐盘旁边等待服务人员来清理。

4. 味道刺激的食物

洋葱、大蒜、韭菜、臭豆腐、臭鳜鱼、螺蛳粉、奶酪、榴莲……这些味道浓烈的美食带有非常强的争议性，爱吃的人视若珍馐，讨厌的人嗤之以鼻。在重要的场合用餐一定避免食用这些味道强烈的食物，否则，不仅会引来他人的反感，而且会在口腔与身上留下味道，令人优雅尽失。

美食拥有点亮生活的魔力，一日三餐陪伴在每一个平凡或不平凡的日子里。我们喜欢一切美好的食物，当然也要注重与他人共处时的用餐礼仪，相信在餐桌上能保持从容优雅的女士，其他场合也能够完美应对。

第二节
挤地铁不能挤丢仪态

行走在都市丛林中的上班族真的太不容易了。

坐车人多、开车拥堵几乎是每一天的常态。在通勤路上花费1~2个小时，都值得在朋友中自夸找了一份离家不远的工作。而那些通勤路上的各种遭遇，能写一部令人啼笑皆非的故事集。

A小姐每天上班单程要乘坐地铁1个小时，中途会遇到2个规模较大的换乘站，第一个大型换乘站就在她上车后停靠的下一站。于是每天上班，A小姐的神经都非常紧张，必须在上车后用尽全力快速挤到车厢中间的位置，否则到下一站，她绝对会被人群挤下车厢。

已经有好几次，被人潮强行挤下来的A小姐没能够再随着新的人潮重新挤上车，她只能目送列车离去，走到后面去排队等待下一班地铁。

B 小姐的提包里装着一双合脚的乐福鞋，每当需要乘坐地铁或公交车的时候，她都会提前把鞋换好，因为“自己被人从车上挤下来，高跟鞋却跟着车走了”这样的尴尬事，她实在不想再次经历第二次。

生活在北京、上海、广州这样的大城市之中，每天需要搭乘地铁的人数高达几百万人次，小小的车厢就像一个个小型的社交试炼场，也许正因为身边都是来去匆匆的陌生人，没人认识，无须顾及形象，所以更容易暴露真实的自我。而那些不文明行为被网络曝光后所引发的社会谴责与新闻事件，也不胜枚举。方寸之间，反而更能窥见一个人真实的素质修养。

穿梭于各大写字楼中的职业女性，一日之晨，你将以最好的姿态出现办公室之中，但在那之前确实需要经历一场严格的、甚至不怎么愉快的路上考验。如何时刻保持优雅仪态？以下的内容会给你提供一些实用的建议。

乘坐公共交通工具，6件事千万不要做

1. 推搡他人。地铁、公交车上下车时人多拥挤，早已是有目共睹的不争事实，所以在这种情况下大家相互有一些肢体触碰也无可厚非，但故意伸手去推搡别人，却是极其不礼貌甚至会引发冲突的行为。相信亲身感受一下，大家都能明白被动拥挤和主动推搡之间的区别，如果没有特别重要、需要马上提醒对方的事，千万别伸手去触碰陌生人。

2. 跷二郎腿。车厢中狭窄的通道，乘客站立、行走其中都很困难，但有一些人却坐在座位上旁若无人地跷起二郎腿，占用通道的空间，这种行为很容易招来他人的白眼。跷腿、双腿叉开多占座椅面积以及没完没了地抖腿等都是很不文明的行为。车厢是公共场所，那些适用于家里沙发上的姿势，还请自己保管好。

3. 大声讲电话。车厢中，人与人的距离较近，大声说话很容易影响别人。如果有事需要用电话通话，能发文字说清就

尽量不要打电话。而且地铁在行驶途中有较大的噪音，也不便于通话，如果一定要打电话请尽量使用耳机，并降低讲话的音量。有些人讲话的声音非常大，一通电话打完，整节车厢中的人都知道这个人家里发生了什么事，或者接下来要做什么，会令人感到十分尴尬。

4. 音乐用扩音器播放。我曾经在地铁上遇到这样一些人，他们听音乐不喜欢戴耳机，而是用扩音器播放。不明白他们是不是太热衷于分享，一心要把手机里自己爱听的歌播给大家一起听。这种行为根本不是标榜个性，而是百分之百的自私，并没有人想听你的歌，这样做只能彰显出一个人极低的素质和目中无人的态度。

5. 吃东西。在很多国家，地铁上是严禁饮食的，密不透风的空间里弥漫着食物的味道，令周围的人很不舒服。除此之外，遗落的食物残渣还会引来蟑螂、老鼠、蚊蝇等破坏环境，甚至影响行车安全。有些城市要求不太严格，北京的地铁内禁止饮食（婴儿、病人除外），尽管禁止，却依然有人会在车厢里吃东西，这样的行为真的很令人讨厌。

6. 化妆。我很佩服那些能在地铁运行时化妆的人，她们的化妆技艺高超，能在拥挤、摇晃的车厢中泰然自若地化妆。但请记住，淑女绝对不会有这样的行为。如果真的需要补妆，可以下车之后到车站内的洗手间去处理，在全车厢几百双眼睛的注目下化妆，实在是太不优雅了。

这样做，你的优雅更加分

1. 戴口罩。地铁里每天有几百万人进进出出，大家所携带的细菌不容小觑，出于对自身健康的考虑，戴口罩可以防止呼吸道疾病的传染。有些时候，人与人之间距离太近的话，连呼吸都能感觉到，这个时候戴口罩就可以化解这种尴尬，既保护了自己，也顾及了他人。

2. 将背包放置在适宜的位置。在拥挤的人群中，身上的背包很容易变成一个“拖油瓶”，我们一方面担心背包占地方影响其他乘客，另一方面也担心被扒手偷窃。如果背着单肩或斜挎包，可以将其拨到身体前面用单手压住；如果是双肩背包，最容易影响到其他乘客，将其取下来用手拎着置于腿部，为别人腾出更大的空间，自己的背包也更安全。

3. 为需要的人让出座位。有一个关于公共交通的网络调查，有些人说自己平时工作很累，赶上乘车有座位的时候，如果看到老人、孕妇上车就会装睡；还有人说强迫让座属于道德绑架……大家的观点当然都有各自的道理，但尊老爱幼、帮扶弱者始终是温暖社会的正能量，不要因为一些个别事件就丢失掉心中美好的部分。

予人玫瑰，手有余香，愿意传递美好的人，也会越来越美。

第三节
招致反感的电影院禁忌事件

曾发生过一件令人哭笑不得的“乌龙八卦事件”。有人在微博上发布了一张照片，内容是两个男人在电影院门外大打出手，配文是一男子在情人节带“女友”来看电影，却遇上女方的现男友，打起来了！

蹭着情人节的热点，图片在网络上引起了热议，但没多久又有了后续故事：出轨是路人猜测、杜撰出来的，而互殴的导火索是其中一位男子看电影时总抖腿，踢前排另一位男子的椅背。

之所以一直对这件事记忆犹新，是因为自己也有过类似的遭遇。原本高高兴兴地买到了影院中间最好的位置，结果开演还没十分钟，就感受到一种类似地震的颤抖感，四下探望一番，发现是坐在后排的一位留着寸头的男子正跷着二郎腿，抖着腿，鞋底刚好抵在我的椅背上。

也许是我回头的动作提醒了他，他把那只跷起的脚放回到地面上，但好景不长，不到十分钟颤抖感又在我背后出现了……这次我扭回头认真地看了他一眼，他往椅背上靠了靠，又一次把脚放回地面上。

电影放映期间，来自椅背的颤抖又陆续出现了几次，最令人崩溃的是伴随着大银幕上一个惊险的撞车镜头，他叫了一声并激动地往我的椅背上踢了一脚。那一瞬间我被吓得心跳超速，坐在我左右两边的观众也同样感受到这强烈的震动的影响，纷纷往后瞪了一眼并发出“啧啧”的声音。愤怒、惊恐的我差点失去理智，很想站起来回头吼他，但一想这会影响到其他看电影的观众，最终还是忍住了怒火，拿起大衣和背包，愤然离席。

看电影是我们日常生活中非常喜爱的娱乐休闲活动，无论是情侣约会还是三五好友小聚，每逢假日大家常常会相约到电影院享受一场精彩的视觉盛宴。

虽然观影是令人放松的活动，但是当数十人同处在一个相对封闭的小空间之中时，很多小细节都会被放大，因此更需要我们格外注意自己的言行。看电影也有相应的礼仪规范，如果没有注意以下这些细节，真的很容易惹来被嫌弃的“白眼”。

手机请调静音

不只是看电影，在任何剧场中观看表演，请一定记得在开场前把手机关机或者调成静音模式。在观影或演出过程中，突然响起的电话铃声会打扰到周围观众的观看体验，引起大家反感，更不用说坐在座位上堂而皇之接打电话的行为。

如果说打电话会打扰别人，那么有人认为我自己低头玩手机总可以吧？刷朋友圈、刷微博、逛淘宝、打游戏……这些行为虽然没有发出声音，但在光线极暗的电影院中手机屏幕的亮光显得格外刺眼，影响到坐在周围的观众。另外，我也想问问这些人为什么时时刻刻都要看手机？如果电影真的不好看，能不能换个地方玩手机呢？

有些食物不能吃

走进电影院的时候，我们常会闻到一股甜甜的奶油爆米花味道，这似乎已经成为电影院的一种标志。很多人都喜欢在看电影的时候吃一些小零食，爆米花和可乐这对“官方标配”当然没有问题，但有些食物千万不要带到电影院里。

首先，要避免携带味道较刺激的食物，比如臭豆腐、榴莲、烧烤食物或者韭菜馅包子等，这些食物的味道一旦进入电影院，简直就是威力十足的“杀伤型武器”，整个放映厅的观众都会被其影响；其次，容易发出声响的食物也要尽量避免带入电影院，比如薯片的包装袋一碰就会发出声音，而酥脆的蔬果脆片入口后会“咔嚓”作响……如果想吃这些零食，最好不要在电影院里。

令别人反感的坐姿

这里所说的令别人反感的坐姿，就是前文写到的令人无法忍耐甚至可能引发冲突的行为。当一个人处在黑暗中看电影，影院的座椅又非常舒服时，一不留神就变成了平时在家百无禁忌的坐姿。

如果说瘫坐在椅子上或者跷二郎腿还不会影响到别人，那么抖腿、碰撞他人座椅、脱鞋，甚至蹬踏前排座椅……这些动作真的万万不该发生。我们应时刻提醒自己，公众场合杜绝不文明的行为。

聊天请换个地方

有些人很喜欢一边看电影一边讨论，一会儿点评剧情发展，一会儿说说演员的绯闻，一会儿“吐槽”剧情的漏洞，全程兴趣盎然；还有一些人虽然坐在电影院里，但心早就飞了，叽叽喳喳，讨论的都是与电影无关的生活琐事。

有想过这样的行为多么惹人讨厌吗？换个角度来说，在电影院聊天自己也受影响，不如出门右拐找一间咖啡馆，坐下来边喝边聊。

伴侣间的亲密小动作

爱情小说中常会这样描写：在昏暗的电影院中，大银幕的光映亮女孩皎洁的脸庞，两个人的肩膀轻轻地碰到一起，男孩鼓起勇气、牵起了女孩的手，这一瞬间有甜蜜的电流穿过身体，心脏几乎快要跳出胸腔……

电影院是情侣约会的必选场合之一，虽然这是一个令爱情加速升温的圣地，但请热恋中的情侣们一定注意分寸，不应出现过分的肢体接触或是深情拥吻，以免造成周围观众的尴尬。电影放映厅里基本都装置了红外线夜视摄像头，监控室的放映员可以 360 度无死角地看到放映厅内发生的一切。

别让孩子成为“招黑”目标

如果在电影院中遇到小孩子哭闹、喊叫、乱跑，你的心情一定会非常糟糕。在公共场合中行为无度的“熊孩子”似乎变成了众矢之的，当有人指责孩子的不当行为时，不少家长会反驳说小孩本就如此，成年人应该宽容，从而造成了更大的对立和矛盾。

就看电影来说，父母要尽量为孩子选择适合他们的儿童影片观看。小孩子的注意力很难长时间集中，而且不会忍耐，如果电影的情节吸引不了他们，他们就无法在电影院安静地待上2个小时。如果无法控制儿童的行为，让他影响到了周围的人，还请父母带着孩子自觉离开影院。归根结底，小孩子并没有什么错，是家长考虑得不够周全。

带走自己的垃圾

当电影结束、场灯亮起时，大家可能常会看到不少座位上和地面上都会留下垃圾，常见的是零食包装袋、瓜子皮、果核、矿泉水瓶等。我听过有人这样说："电影院有人打扫，我为什么要自己收垃圾？"的确，保洁人员在每次散场后都会清扫场地，但在公共场合乱丢垃圾，却不符合一名淑女的品格。

随手将自己的垃圾收好、带走，并不会徒增多少麻烦，反而会增添你的魅力。凡事多顾及他人的感受，学会换位思考，舒适整洁的环境需要大家一起来维护。

apartamento
The 10Ks of Personal Branding
CREATE WONDERFUL HOMELIFE

第四节
商场试装也要优雅从容

今天发薪水，逛街。

今天是纪念日，逛街。

今天和闺蜜约会，逛街。

今天和男友吵架，逛街。

今天没什么事情，逛街……

是的，想逛街的人，永远都不缺理由。

曾经，我工作的写字楼和一座大型商场连在一起，每天吃完饭午休的时候，公司的女同事都爱成群结伴去商场里逛一圈，几乎天天如此，百看不厌。男同事们则对这种行为表示完全无法理解，女人为什么那么爱去商场？真的有那么多要买的东西吗？

其实，对女人来说，进商场并不意味着一定买东西。她们或许看看喜欢的品牌有没有上新款，或许看看美妆博主推荐的口红色号适不适合自己，或许看看商场橱窗里的模特怎么穿搭的……不一定要买，但一定要看，逛街对于女人来说就是一种休闲、疗愈的方式。

女人与商场之间，真的有解不开的情愫。

正是因为如此热爱逛街，女人们每每看到了让自己心动的新衣服、新鞋子，就忍不住想去试穿。这看似平常的行为，其实暗藏了很多的玄机。大家或许没有注意到，商场试装原来是一场气质考验。

一名优雅的女性走进百货公司购物或试装，本是一件令人身心愉悦的事情。所以，打理好自己的形象，避免给别人留下邋遢、不修边幅的印象，是淑女身处公共场合的基本礼仪。

首先，建议大家不要画太浓的妆容，商场的灯光不像餐厅、咖啡馆那样朦胧、昏暗，当明亮的白炽灯灯光照在色彩斑斓的脸上时，所有的细节都会被放大，视觉上会让人产生非常夸张的感觉；其次，在试穿衣服的时候，一不小心彩妆就可能沾染到衣服上，要格外注意避免。有些专柜会为脸上化妆的顾客准备试衣面罩，可以向柜员索要，但如果专柜没有提供的话，自己在穿脱衣服时请小心谨慎，无论蹭脏了衣服还是蹭花了妆容，都会引发不愉快。

如果和别人一起逛街时，看到了自己喜欢的衣服、包包或鞋子，要保持理智，千万不要过于激动地提升音量、呼喊同伴或是指指点点，这些行为都会打碎你的优雅光环，在公开场合大呼小叫是淑女的行为大忌。

还有一些人，在挑选衣服的时候，手会不自觉地像秋风扫麦浪一般，把货架上的每件衣服都摸一下，这种动作其实很不礼貌。挑衣服，还是要靠眼睛，当看到自己喜欢的款式时，可以用手去感受一下它的面料触感，但一定要保持手部的清洁，千万不要吃完东西就去摸衣服。

另外，在对待专柜服务人员的时候，态度十分重要。我的一位男性好友曾给我讲了他的遭遇。他的一位女同事，外表文静甜美，平时在办公室里总是和颜悦色、活泼友善的样子。恰巧他们两个人都是单身，男生慢慢就产生了想追求这个女生的念头。

有一次，他约了女孩一起看电影，影院位于一座大型购物中心的五层，他们提早到达，男生就陪着女生在商场里逛了起来。可万万没想到的是，平时看起来那么友善的女生，在试鞋子的时候却突然像是变了一个人，讲话态度很不客气，让服务员拿了好几双高跟鞋，试过之后说了句“不好看”，脱下来丢在地上，起身便走。

男生当时便有些尴尬，临走前对服务员说了一句：“谢谢！”看完电影之后，他们连晚饭也没吃就草草结束了约会。而这个女孩的形象从此在他心中一落千丈。事后，他对我说：“如果想了解一个人的修养，最简单的方法就是看他对待服务员的态度。”

尊重服务员的工作，当他们向你问好的时候，也请回应一句“你好”或是点头微笑，而不要当作视而不见；需要拿取衣物试穿的时候，“请”“麻烦你”“谢谢”这些敬语也不要吝啬。即便，有的时候我们会碰上一些态度傲慢的专柜服务员，但当你尊重别人时，展现出的是你自身良好的品格素养，这与对方态度如何其实已经没有任何关系。

第五节
如何出入一场高级艺术展

一位著名的青年女作家在录制电视节目时讲了这样一番话："一个人如果不读书，他的价值观只好由亲朋好友来决定，因为他没有别的输入渠道。而女性的审美也是一样，如果不多接触书籍、电影或是其他艺术形式，只看网络上的话题人物来决定自己的审美选择，就会导致女孩们都变得一模一样。"

我非常赞同她的观点，女生不能只沉迷在狭窄的小世界当中，多去了解与接触形形色色的艺术，是增长见识、提升气质、扩宽社交的绝佳途径。

走进那些自己不熟悉的博物馆、歌剧院、美术馆、画廊，去参加一场高级艺术展，可能对很多人来说会有一种陌生与不自在的感觉。没关系，如果你决定尝试一下，不妨先读一读下面的内容，能够帮你减轻这种感觉。

提前了解展览的背景资料

当你即将参加一场高级艺术展时，无论是受到别人的邀请还是自发想要前往，提前调研有关这场活动的背景是十分重要的。网络上曾流传过一个段子，某位“花瓶”女星出席一个以保护北极冰川为主题的公益展览，她在上台发言时却说企鹅真的很可爱，希望大家能一起保护北极，也保护企鹅宝宝。

这番话引起了台下一阵交头接耳的骚动以及意味深长的笑容。北极曾经有过和企鹅极其相似的动物——大海雀，但已经灭绝近 200 年了，纵使大家有心保护恐怕也为时已晚……

为了避免出现诸如此类的尴尬局面，提前了解一下艺术展的主题、形式以及艺术家的背景与作品风格都是很有必要的，一方面可以避免在与别人交流时闹出笑话，另一方面也可以借机了解到一些不曾涉猎的全新知识，何乐而不为呢？

准备一套得体的礼服

参加不同的展览需要提前准备不同的服饰。如果是参加一些风格前卫的先锋艺术展，对衣着通常没有什么特别的要求，即便是T恤衫搭配牛仔裤也并无不可。但如果是参加一场高雅的、正式的艺术展，甚至连带一场晚宴，那着装就有必要精挑细选一番。

线条简约的小礼服是参与此类活动最不容易出错的单品，不要穿着太过鲜艳、出挑的色彩，黑色、蓝色、卡其色、酒红色都是比较经典的选择，尤其要注意的是露肤尺度，露出半截小腿和手臂的礼服基本都不会失误，而那些无袖、低胸、露背的服装则不适宜出席这类优雅的场合。

精致而富有魅力的妆容

如果你是一名化妆高手，能完美把握小烟熏眼妆的分寸，并确保它不会晕染到眼周，那么你可以尝试这种类型的彩妆。但对于化妆技巧一般的人来说，精致、优雅，不具有攻击性的妆容，才是最适合的选择。

柔润的亚光奶油肌底妆能让妆面整体彰显高级感，放大双眼的眼线一定要有，尽量贴近睫毛根部描画，但不可以画得过粗或是眼尾线条延展得太明显；用大地色系的眼影盘打造具有亲和力的眼妆；而铁锈红、豆沙色的口红都比较适合亚洲女性的唇色，既能提气色又不会过分夸张，最后别忘了喷上符合你优雅气质的香氛，为整日造型“定妆”。

如何前往会场

身着礼服的你，如果依然像上下班那样搭乘公交车或地铁显然有些不太合适，现在专业的租车平台非常多，不妨提前预约一辆专车将你送到现场，这样能在最大程度上保持整体造型的完美。

如果想自己开车也未尝不可，但要提前准备好驾驶所需的平底鞋，穿高跟鞋开车是相当危险的行为，千万不可以。

获得更好的观展体验

参观艺术展是一种陶冶情操、与艺术品与创作者进行深度对话的体验，如果能避开人流集中的时刻，如开幕、闭幕、周末等时段，按照自己的步调从容不迫的欣赏作品，那将会获得更好的体验。

另外，在观展过程中，除了欣赏作品之外，展馆的建筑空间布置、周边景观的设计都值得细细品味，带来更全面、更细微的美学享受。

特别注意细节

在艺术展上，除了一些特殊场合主办方会准备茶歇之外，其他的饮食都是禁止带入的，千万不要在展馆里吃吃喝喝。

不可否认，现在有些艺术展上的作品会让人感到莫名其妙。但出于礼仪，无论看到什么奇形怪状、无法理解的东西，都请尽量保持平静，不要大声评论、指手画脚。另外，还要提前留意一下是否有贴出关于展览的注意事项，比如展品是否可以拍照、是否可以使用闪光灯等，以免造成不必要的麻烦。

不要因为主观上的喜好与臆断就拒绝接触丰富多彩的艺术形式，多做一些尝试，扩宽眼界，也许你就会认识到另一个美好的自己。

我一直深信，女性应当为了变得更美而努力，但提升自己的气质与审美，并不是靠服饰、化妆、整容就能达到，徒有其表的粗浅终归难登大雅之堂。

看过书的眼睛更明亮，行走世界的双腿更修长。唯有内心丰盛清醒，才能洞悉优雅真谛。

奥克兰·繁华的都市夜景。 供图／新西兰旅游局

Chapter 5

第五章

心里有只欲望的小怪兽

想要漂亮衣服、想要名牌手袋、想要更多美好的东西……
欲望本身并不是什么洪水猛兽，
只有失控的欲望才是。

第一节
看不出品牌但要感受到品质

我希望在你的爱情里，找一个温暖的角落。

我希望在你的甜蜜里，像一颗融化的糖果。

希望在你眼里，像星星在夜色里。

我希望在你的爱情里，我希望在你的爱情里……

这是一首迪斯科歌曲的歌词，这首歌在六七年前刚发行的时候并没有引起大众多少关注，但最近却因为一位著名男主持人的搞笑改编及翻唱而在社交网络中迅速流传起来，因为歌词被改成了下面这样子：

我希望在你的FENDI里，找一个GUCCI的角落。

我希望在你的TIFFANY里，像一个粉色的TOM FORD。

希望在你LV里，有CELINE和BVLGARI。

我希望在你的BURBERRY里，我希望在你的FERRARI里……

短短几句，唱出了9个令众多女生为之心动的奢侈品牌，合辙押韵、朗朗上口，令这首歌马上变成了在年青人中流行的“神曲”。由此不难发现，现代人对于品牌的认知度与喜爱度正在与日俱增。

有这样一种说法，现代社会与古代社会的明显区别在于现代社会中“品牌”即是财富的象征。这一观点绝非空穴来风，无论你身在写字楼、商场还是在餐厅、便利店，是否有一个名牌包傍身，很可能会影响周围人对你的态度。

我的一位好友是在时尚杂志工作多年的资深编辑，她的工资虽然称不上高薪，但她所有的衣物、化妆品，尤其是手袋一率都要买名牌。她在每次收到信用卡账单的那一刻虽然会感觉无比心疼，但身处在“高大上”的时尚行业里，接触的客户几乎都来自国际一线品牌，产出的内容也都要占据审美高地，如果连自己的行头都不够级别，很可能会遭遇质疑。

久而久之，在时尚行业里就形成了这样的“潜规则”。“我们去外面和客户开会，第一眼都是靠手袋来判断身份。”

虽然很浮夸，但也很现实。

在一部关于“中国新富豪”的纪录片中，有些人愿意花费10万元去学习如何吃生蚝、切香蕉以及如何正确读出奢侈品的名字。这些人中有的嫁给了白手起家的老板，有的是因老房拆迁而一夜暴富。他们都非常有钱，却没有接受过高等教育或是缺少跻身上流社会所需的礼仪与审美，因此，急于通过“恶补”的方式来迅速提升自己的品位。

从积极的方面来看，这种想要努力摆脱过去、改变自我的做法，具有正面的意义。但与此同时也要明白，一个人的气质与修养很难在短时间内得到质的提升，即便学会了一些皮毛可以应付场面，在深入接触之后，恐怕就会露出马脚。滴水穿石非一日之功，并不是背上了全球限量版手袋，念出 HERMÈS 或者 LOUIS VUITTON 的法语发音就能自诩为上流社会的优雅名媛。

有些人认为，喜欢奢侈品是虚荣拜金的表现。这种说法未免过于武断。当普通人开始认知奢侈品时，希望用它们来作为身份的象征也是时代进步与发展的一种标识。正因为越来越多的人生活逐渐富足，大家才会有精力去关注那些基本生活需求之外的东西。

当代女性的力量日益强大，越来越多的女性可以在各种领域中施展才华，独当一面，也愈发知道自己想要的是什么。只要对物质欲望拿捏有度，购买奢侈品以及追求更好的生活品质，就并非一件坏事。

有的人喜欢高调，她们会背着印满品牌 LOGO 的包、手上佩戴鸽子蛋大小的钻戒、穿着款式经典的奢侈品牌风衣傲视而行；但也有的人偏爱低调，她们会买注重品质的品牌，但并不在乎别人能不能看到、是不是认识。相比之下，我更赞同后者的观念与做法，因为她们对于高品质的追求，更多是为了取悦自己的感受。

在人们的印象中，法国是拥有奢侈品牌最多的国家之一，但法国女人对于追名牌这件事，却表现得十分“无感”。一位在巴黎生活过的日本作家吉村叶子曾在自己的书中写过这样一段话：“要想在街道上见到像日本女性那样手持豪华而昂贵的物品的女子，在巴黎，甚至在整个法国都是找也找不到的。那些看起来非常普通的女人，实际上却是这个世界上最潇洒的族群。”[1]

对于崇尚自由且十分自信的女性来说，所穿的衣服和所用的手袋是不是奢侈品，并没有那么重要，但她们绝对不会以不修边幅的邋遢形象示人。那些看起来自在且优雅的淑女，更多

[1]（日）吉村叶子．法国女人不花钱也优雅 [M]. 陆梅，译．北京：电子工业出版社，2012 年：14

时候会把关注的重点放在如何提升审美水平与自身气质上，而非简单粗暴地花重金、买名牌。她们有属于自己的穿搭风格，不会跟随所谓的当季潮流趋势而购物消费；她们总是将衣柜收拾得井井有条，还能用看似普通的单品衬托出独特的气质。

不被外在表象与别人的评论而影响，欧美女性在这方面的能力要高于亚洲女性。她们更加独立自主，更加重视自身的感受而非他人的看法，而亚洲女性通常缺少这种自信与洒脱。这种由于历史文化所造成的差异，并不会在短时间内发生本质上的改变，但值得欣慰的是越来越多的亚洲女性正在成长。

在很多人的第一印象中，“名牌”和“奢侈”相关联，“奢侈”是一个贬义词，是被排除在传统美德之外的形容词，但事实上并非如此。时至当下，奢侈并非代表一种对于金钱与物质的盲目追求，它的反义词也不是“贫穷”而是“粗俗”。一个腰缠万贯但举止粗俗的暴发户并不会获得真正的尊敬，而知识、眼界、正确的人生观和价值观以及不断学习与成长的经历，让拥有这些的人活出自信洒脱、光彩熠熠的样子。

此刻的你，已经是最好的品牌。

第二节
为什么很多人热爱“囤货”

A 小姐是一位网站编辑，工作与生活都离不开网络，是一个互联网时代标准的“宅女”。购物、订餐、看电影、打游戏……能在网络上解决的问题，她绝不转移到线下，即便休假也很少出门。

一天，朋友到 A 小姐家里做客，在她们相谈甚欢时，A 小姐突然毫无预兆地拿出手机点按了一番，朋友在一旁感到十分疑惑，问她在干什么？

A 小姐回答说：“这个时段官网有优惠活动，我要囤几箱卫生纸。”

朋友望向 A 小姐家的储物柜，那里明明还放着一提 12 卷全新未开封的卫生纸。“你家里还有这么多卫生纸，为什么还要买？”

“只剩下那一提了啊，都怪我之前一忙给忽略了，通常情况下我要存放 50 卷左右，不然总觉得没有安全感。”

朋友听完感到十分讶异。A 小姐独自一个人住，50 卷卫生纸？起码够她使用一年吧。朋友脸上错愕的表情还未消失，A 小姐又展示了另一个惊人的画面。她拉开冰箱门，在冷藏室的保鲜盒里，满满地装着各种各样的面膜。

“面膜，我要保证存有 100 片以上。”

A 小姐的故事，绝非是我夸张的演绎。其实，像她一样酷爱“囤货”的人在我们身边比比皆是，或许正在看书的你也是“囤货族”中的一员。

有“囤货”习惯的人，一旦发现自己的生活必需品存货不足一定的储备量，就会产生揪心、不安、焦虑的心理反应，随之很快会表现在行为上——开始购物！买卫生纸的单位是“箱”，买洗发水的单位是“升”，米、面、粮、油塞满储藏室，恨不得一次买足一年的使用量才安心。

某大型购物网站曾根据“囤货族”的购物习惯做过一系列调研，大数据显示“囤货族”以女性居多，占到总人数的67%，其中25~34岁的青年女性是购物主力。平均每次购买生活必需品的商品数量为59件，排名前10位的囤货“爆品”分别为卫生巾、洗衣液、面膜、饼干、膨化食品、抽纸、卷筒纸、纯牛奶和开关插座套装。

说来惭愧，我本人也有一些“囤货癖”，对于护肤品与袜子总是有莫名的偏爱。其实，心里明明知道护肤品和食品一样，买生产日期近的才好。但每当梳妆台上的化妆水或者面霜、精华乳被用掉不到一半时，我的耳边就仿佛有一个声音在碎碎念：“马上就要空瓶了，马上就没得用了！”于是，我的储物柜中有一层用来存放未开封的护肤品。

我对囤袜子的执念也非常强烈，因为总感觉它们随时会不翼而飞。也许你觉得奇怪，怎么会有人弄丢袜子？但这件事真的会发生。

我的母亲是一位非常粗心大意的人，她洗衣服的时候喜欢把各种衣服攒在一起洗，而被她洗过的袜子不知为什么常常会少一只，甚至会整双消失不见。所以，小时候的我有时会穿两只花色不一样的袜子。

以前我没有意识到自己爱囤袜子，直到有一次我买完新袜子之后发现抽屉里居然塞不下了。粗略一数，当时我已经拥有超过 40 双袜子。这个时候我才开始反思自己的行为，猜测这可能源自我童年时期的“阴影”。

心理学家曾分析并指出，囤货行为可能与生活压力过大有关，囤货者往往喜欢通过物质上的囤积来达到某种心理上的满足，并以此来平衡因压力带来的焦虑。虽然，在医学上囤货行为并不会被视为疾病，但这毕竟不是一种积极健康的生活状态。想要克服囤货这个坏习惯，就要有意识地给自己泼点冷水，降降温。

1. 营销手法千变万化，不要再上当了

“满 100 减 50，满 1000 送 300，第 2 件半价，买 3 件折上 8 折……”这些充满诱惑力的折扣信息几乎随处可见。很多人一看到“打折”的海报就开始蠢蠢欲动。此时，不妨先冷静一下，你不能一听到“折扣”一词就开始给自己“洗脑”：打折能便宜不少钱，现在不买就亏了；反正以后也会用到，不如

趁打折时多买一点更划算……

一旦有了这些念头，总是忍不住一头扎进打折的海洋中难以自拔。久而久之，家里的东西就渐渐超过了真实的需求量。

当你走进商场看到柜台上“满1000减200”的优惠宣传时，原本只想买一件700元的外套，但却东拼西凑，最后付出的现金比原本的预算还要高。总觉得自己赚到了，但是凑价钱的那些东西，你其实根本就不需要。

2. 喜欢的物品适度购买，别把家变仓库

有的人会特别喜欢收集某一种东西。例如我的一位男性友人超爱买球鞋，家中满满一面墙的位置都被做成了鞋柜用来摆放他的鞋子，同样的款式他甚至会每种颜色买一双。还有一位女性朋友酷爱买口红，她家中至少有200支口红，而且几乎都是不同品牌同一种色系的单品。

收集是一种爱好，很多时候能给人带来心理上的愉悦感、幸福感。但做什么都要讲究适度，如果总是毫无节制地买东西，即便经济上可以承受，家里也难免会变成仓库。

3. 避免被情绪左右的冲动购物

影视作品中常常会出现这样的桥段：一个可能经历了失恋、失业、失婚的女子心情低落，她冲进商场刷卡，然后拎着大包、小包排解了心中的郁闷；一个可能遇到恋爱、升职、中奖等好事的女人春风得意，也会冲进商场刷卡，用购物奖励自己。

当一个人情绪不稳定的时候，狂吃、狂买都是很不理智的行为。虽然，这可能会缓和当时情绪上的波动，但冲动消费所购入的东西，等到我们恢复理智的时候再看，大多数是不需要的。摆在家里用不到，丢了又觉得可惜，就这样占据着空间，造成了更大的浪费。

不可否认，购物是人类的一种天性，能为我们带来安全感与满足感，但在日常生活中也要时刻提醒自己，不要放任自己成为“囤货族”。本想用“囤货”来缓解焦虑，但是当我们逐渐产生心理依赖的时候，往往会变得更焦虑。

第三节
与其愤怒嫉妒，不如微笑羡慕

忽然之间，“宫斗”主题的电视剧在全国火速流行起来，一部部收视率很高的宫廷大戏捧红了名不见经传的演员，同时也成为观众们追看与热议的对象。

无论人物与故事背景如何变化迭代，“宫斗戏”的剧情不外乎就是三宫六院的娘娘们为获得皇帝宠幸、提升个人地位，无所不用其极的故事。那些反目、陷害、辱骂、暗杀的桥段充满戏剧张力，虽然观众看得过瘾，但久而久之，会被这种潜意识中的负面情绪引导。如果不能处理好这种情绪，将其带入到生活当中，可能会助长嫉妒、报复的心理。

当下有不少人爱把职场设定为“宫斗”，将自己与同事代入角色中。工作关系中的确存在着很多利益竞争，容易引起人与人之间的不满与冲突，因此“宫斗”戏码也常会出现在生活之中。

A小姐与B小姐原本是素不相识的两个人，却在同一时间、被同一位老板带进公司，从此成为同事。A小姐是商务、公关方面的人才，B小姐对于财务与管理很有经验，两个人的工作能力都很强，老板对她们也格外重视，作为创业团队中的中流砥柱委以重任。

A小姐是一个外向活泼、八面玲珑的女孩，善于交朋友，常常出差的她三不五时还会分享一些零食和伴手礼给其他同事，很快就成了公司中颇受欢迎的人物。B小姐做事比较严谨，不太喜欢和所有人打成一片，平时只和固定的几个同事走得近一些。

在相处最初的几个月，大家都相安无事，直到有一次B小姐到老板办公室去签署文件，推开门后看到A小姐和老板不知刚刚说了什么事情，笑得非常开心。见到B小姐进来之后老板并没有理会她，继续对A小姐说："就照你说的办，有什么消息第一时间跟我汇报。"A小姐临走时还俏皮地做了一个OK的手势。

这一切在B小姐看来，忽然感觉格外刺眼。老板和自己相识已经六七年了，平日在相处中从没见他露出过如此轻松愉快的笑容。难道说 A 小姐受器重的程度已经远远超过了自己？

B 小姐不禁又回忆起前不久老板带 A 小姐到法国出差，回来的时候 A 小姐手上多了一个爱马仕品牌的提包……莫非他们之间还有什么不为人知的暧昧关系？

自从这件事之后，B 小姐就留下了一个心结，总是特别留心 A 小姐与老板之间的互动，捕风捉影，这种不满的情绪也顺势带入工作中，她对与 A 小姐有关的事情总是格外严苛。一来二去，A 小姐自然察觉到她的改变，于是，一场没有硝烟的战争就此拉开序幕。

在办公室中，两个人几乎不理睬对方，相交部分的工作也是安排下属去办。有一次，A 小姐谈成了一个巧克力品牌的合作，全公司所有人都收到了巧克力伴手礼，唯独没有送给 B 小姐。而 A 小姐平日申请的报销款，也总会以各种理由被退回或是拖延支付。

某一天中午高层聚餐后，A 小姐预定了一辆公务车回公司，后排有可以容纳 4 人的宽敞座位，老板与 A 小姐以及另一位副总上车后，B 小姐也想拉门上车，但 A 小姐忽然从里面锁住车门，摇下车窗对她说："我们有事要谈，你自己叫车回去吧。"

留下 B 小姐一个人站在路边，望着扬长而去的汽车气到发抖。

在一次年终总结会上，B 小姐含沙射影地指出 A 小姐所管理的部门招待费用太高、特权太多，不符合公司制度，应该加强管控。而 A 小姐也毫不示弱地站起来批评职能部门办事效率低，耽误工作，惹怒客户，使公司蒙受损失。这场针锋相对的指责让整个会议的场面相当难看，老板不得不提前散会，然后单独约谈了两个人。

不管老板最终的处理结果是什么，我们可想而知的是，当一个人把精力用在嫉妒与内斗上时，无论对个人还是对集体来说都是一场灾难。

英国十七世纪著名的思想家、政治家和经验主义哲学家弗朗西斯·培根曾这样形容："在人类的各种情欲中，有两样东西最能够使人的心智被迷惑，这就是爱情与嫉妒。这两种感情都能激发出强烈的欲望，创造出虚幻的意象，并且足以蛊惑人的心灵。"[1]

嫉妒使人丑陋，甚至使人失去理智，它是这世界上深深的恶意。

[1]（英）培根 . 培根随笔 [M]. 龙婧，译 . 北京：北京联合出版社，2012：26

但“嫉妒”本身却又是一种合理的情绪，它和愤怒、抑郁、快乐、焦虑一样，是人类的一种本能。很多时候，我们或多或少都会产生嫉妒的情绪，凭什么她能找到那么帅的男朋友？都是同学为什么他的工资就比我高好几倍？为什么她总能在朋友圈里“晒”美食和旅行？很多事情都会触动我们心中那种酸溜溜的感觉。

在资源有限的情况下，我们都希望在竞争中获得更多资源，这毋庸置疑。但如果一个人总把关注的焦点放在与别人比较上，不但不会让自己变得更有竞争力，反而会让自己被焦虑、低落、愤怒的情绪所围绕。

总在嫉妒别人，其实也是一种自卑。

想要克服嫉妒的心理，就要把注意力放到自己身上。只有把自己的成长视为焦点，我们才会慢慢变得强大，不会在意别人是否取得了什么样的成就、是否比自己强。

与其嫉妒甚至诋毁别人的成功，不如学会微笑羡慕，并从中积累经验，转化为自己成长的养分。忘掉嫉妒，全情沉浸在自我成长的愉悦中，身边的世界也会随之变得平和而温暖。

世态人情，比明月清风更饶有滋味；可作书读，可当戏看。

书上的描摹，戏里的扮演，即使栩栩如生，究竟只是文艺作品；人情世态，都是天真自然的流露，往往超出情理之外，新奇得令人震惊，令人骇怪，给人以更深刻的效益，更奇妙的娱乐。[1]

——杨绛

[1] 杨绛．将饮茶 [M]. 北京：三联书店，2010：176

第四节
断舍离，腾出更多空间收纳美好

十年前，一位日本杂物管理咨询师出版了一本名为《断舍离》的图书，在亚洲引发了一股改变当代人生活理念的新风潮。

断 = 不买、不收取不需要的东西；

舍 = 处理掉堆放在家里没用的东西；

离 = 舍弃对物质的迷恋，让自己处于宽敞舒适、自由自在的空间。

随着这本书的畅销，“断舍离”也渐渐成为一个时尚新名词，它倡导一种告别混沌复杂，保持极简与清醒的生活态度。在物质水平日益提高的时代，购买自己想要的东西已经变得越来越容易，很多人想要从物质中获得幸福感，却在不知不觉中成为物质欲望的“受害者”。在我们身边随时可见各种真实事件。

购物令我快乐

A 小姐是一位供职于世界 500 强企业的产品经理，毕业于国内一流大学，只经历了一次面试就成功入职，工作 5 年一直平稳顺利，收入颇丰、外表靓丽的她是令很多人心生羡慕的天之骄女。

但对于 A 小姐来说，生活并非如别人眼中看到的那样美好。想要在大企业中站稳脚跟，所要承受的工作压力也相当大，那些加班工作到凌晨的疲惫、出差时醒来不知身在哪个国家的恍惚、KPI[1] 没有完成的焦虑，甚至还有父母、亲友对自己终身大事的关心……都常常令她产生消极情绪。

“我喜欢买东西，如果有一段时间密集加班，我一定会抓紧任何零散的时间用手机网购。有时候工作实在太忙没空拆包裹，就把那些快递箱先堆在家里摞起来，等有时间再一起开箱。明明知道买的那些东西可能并没有什么用处，有一些甚至彻底被忘了，放到落灰也不会用，但下单、收快递总会给人一种舒缓压力的感觉。”

和 A 小姐一样，喜欢通过“买买买”来获得快乐的人在我们的生活中比比皆是。通过在物质上的得到或享受来补偿心

[1] Key Performance Indicator，关键绩效指标。

理上的失去，是人们在压力过大时控制不住地买东西的主要原因。但这种所谓的“快乐”并不是一种健康的调剂方式，其导致的直接后果就是家里的东西越堆越多，浪费空间、浪费金钱、浪费资源。

念旧的人什么都舍不得丢

一位好友曾向我抱怨：“我妈什么都舍不得扔，家里堆得到处都是东西。快餐盒要留着种花，可乐瓶要留着装米，阳台上堆着大大小小的包装盒。每次我把没用的东西扔掉，她都要捡回来，还骂我浪费。天哪，我家现在简直像一个废品收购站！”

遇上这样的妈妈，真是让人哭笑不得。勤俭持家当然是好事，尤其是长辈们经历过艰苦的日子，内心深处总会有一种不安全感。“舍不得呀”“东西还好好的扔了多可惜”“先留着吧，总有一天会用到的”……这种不舍与囤积的思维方式一旦固化就很难改变，以至于影响生活品质，甚至给别人带来困扰。家中的杂物太多不仅浪费空间还难以清洁很不卫生。放弃那些没用的东西吧，让居家环境变得整洁舒适才能拥有美好的心情。

不会整理的“收纳废人”

这个世界上有“收纳达人”就有“收纳废人”，我的邻居小妹就是其中一位。她的外表给人的感觉十分可爱，妆容、发型、服饰搭配都称得上精致、时髦。但恐怕只有我们这些进过她闺房的好友才知道她的另一面。

有一次，小妹急匆匆地打电话向我求救，说第二天男朋友要来家里，但是她家实在太乱了，没法收拾，想请我帮忙。虽然我知道她不是一个井井有条的女孩，但在推开她的房门之后，还是被眼前的景象惊呆了。床上、沙发上、地板上到处都有衣服；拆开的包装盒丢在地上；梳妆台上也是乱七八糟的，很多护肤品没盖盖子就摊在一旁。在她打开衣柜门的瞬间又引发了一场灾难，里面乱塞的衣服像山洪一般倾倒出来。我们两个人面面相觑，随后一起趴在满地的衣服上，笑得喘不过气。

那一晚的劳动量着实惊人，我快要累到虚脱。我问她为什么能把家里弄得这么乱？她说以前都是妈妈帮忙收拾，自己没有整理的习惯，一个人住之后更加自由随意。找不到东西的时候她也曾想过要好好整理一番，但杂物堆得越多就越懒得收拾，慢慢就造成现在这种状态。

其实，像邻居小妹这样不会整理的女孩并非少数。良好的整理收纳习惯应该渗透进日常生活之中，不该是临时抱佛脚的行为。正所谓：无收纳，不生活。从一个人的家就能看出她对于生活的态度，细节往往会暴露一个人最真实的状态。

不如找个时间和自己的家进行一次深度“对话”吧！

重新审视自己与物品的关系，我真的需要这些东西吗？

这些物品会不会让我的生活变得更加杂乱？当一个人真正开始“断舍离”时，她会以自己的需求为思考的中心，而不是被物品所左右，从关注物品进而转换为关注自我，将身边所有“不需要、不适合、不舒服”的东西渐渐剥离自己的生活，让环境变得清爽，也会由此改善心灵环境，从外在到内在，彻底焕然一新。

“断舍离”的目的不仅是丢弃废物，让居住环境变得井井有条，更是希望通过这种行为整理内心的混沌、清理无用的社交、扫除心中的杂念、放弃不值得爱的人。什么都想得到的人，也许最后什么都得不到；什么都舍不得扔的人，也许最后会失去更多。

轻装上阵，才能走到更远的地方。

第五节
不被消费欲望摆布的秘诀

在我的微信群组里，有一个小群叫作“淘宝依赖症康复治疗小组”，这个群名逗笑过很多人，还被别人质疑“到底是多么爱购物的一群人才会起这样奇葩的名字”。群组里的几个女孩都是生活中的好友，虽然职业各不相同，但经常在一起聊天，分享彼此最近又新买了什么，顺便互传商品购买链接。

大家嘴上说要治疗“淘宝依赖症”，结果身体却很诚实，一直在买东西。女人嘛，还真是口是心非。

其实对大多数人来说，购物是一件开心的事。如果一个人什么都不想要、对任何东西都没兴趣，想必他在生活中也是一个无趣的人吧。相比二三十年前，我们现在的生活优渥了许多，大家的眼界也更加开阔，喜好和需求也随之变得多元化。

如果把生活作为一种文化来看，我们只有与许许多多的物品相遇，才会让这种生活文化丰富起来。与令自己怦然心动的物品相遇是一次美妙的邂逅。消费欲望不是什么可怕的洪水猛兽，我们唯一要做的就是学会与它和平共处，既不能过分遏制，又不可太过泛滥。

说起来似乎很容易，但当我们内心萌生强烈的不安或膨胀感时，就很难冷静地去控制自己的消费欲望，所以需要提前给自己做一些心理建设，决定自己必要的东西是什么，这样一来，我们对于外界的刺激就会带有一定的客观性去分析、判断。如果你能做到和自己的物质欲望和平共处，那你的生活一定会更加充实而快乐。

不被消费欲摆布的 5 个实用方法

1. 删减手机里的购物应用软件

进入移动互联网时代之后，我们生活中最先被改变的就是购物方式，买东西不再需要出门，甚至不分白天黑夜，只要拿出手机随时可以开始“逛街”。

各式各样的购物应用软件层出不穷，各家的主打产品与促销方式也是花样百出，看看这家再看看那家，随随便便几个小时就过去了，不仅白白浪费了时间，而且有些时候看着看着都忘了最初想买的是什么。原本只想买一件白衬衫，结果最后却买了零食、鞋子和耳环，这样的事情经常发生在我们身上，但我们往往没有意识到。

删除那些品类雷同或不常用的购物应用软件吧，只留一两个真正需要的，减少自己对手机购物的依赖，过不了多久你就会忘记他们，并且发现自己可以利用的时间变多了。

2. 喜欢的东西先放入购物车，留下冷却时间

“冲动是魔鬼！”这句话总是猝不及防的出现，让人难以

抵抗，瞬间失去理智。冲动消费真的很可怕，更何况还有商家想尽办法要我们痛快地掏出银行卡。优惠促销、周年庆典，柜台服务员耐心地游说，购物主播们夸张地大喊：“买它！买它！”任何一个理由都有可能导致头脑一热，冲动消费。

我和很多朋友都讨论过这个话题：如何克制乱买东西的行为？最后，大家达成了一个共识：给自己留一段“冷却时间”。忽然看到一件喜欢的东西时，先不要急着下单，把它存进你的购物车里，过几天再打开看看还想不想买？

利用这段冷却时间，可以再认真地想一想这件物品自己真的需要吗？很多时候，一旦冲动的感觉消失，你会完全不想要那件东西了，不少朋友就是因为这样把买回来的物品闲置起来或是收到后又马上退货。如果经历了冷却时间之后你仍然念念不忘，那就放心大胆地把它带回家吧。

3. 只需要一张信用卡

中国人传统的消费观念是花“昨天”的钱，而当下年青一代的消费观念则是花“明天”的钱。在近十几年间，能够提前预支的信用卡消费成了一种主流消费模式。但这也让一些没有自控能力的人逐渐陷入泥潭之中，明明没有偿还能力却提前花掉了未来的钱，还不上欠款的时候就多办几张信用卡取现还债，拆了东墙补西墙，越欠越多。

时至今日，如果让一个人完全拒绝使用信用卡可能不太现实，但最好不要办理很多张信用卡。即便你能保证不会沦为被银行追缴欠款的“卡奴”，但多张信用卡的额度、管理费以及每张卡不同的还款时间等琐事也会给你的生活平添很多麻烦。

所以，最好的方式就是只留下一张功能全面、可以应对出国旅行、支持外币业务的信用卡。一个人日常所需真的用不到那么多信用卡，快点注销掉那些没用的卡片吧。

4. 存钱买好货而不是便宜货

面对一件售价 2000 元的风衣有些不舍得买，但如果换成一件 200 元的风衣呢？相信做出这个决定就会变得容易很多，而且你很可能不只买这一件衣服，因为想到反正价格也不贵，不如再一起看看别的衣服。

很多人会因为“便宜”而产生购物念头，“便宜”听起来是件好事，但是它却常常在助长我们胡乱花钱的坏习惯，而且还会在不知不觉中买入许多根本没用的东西。与其如此，倒不如好好规划一下，给自己定下更高级的目标，去买那些真正高品质、大品牌的经典单品。

攒下平日里乱买的钱花在更好的东西上，优雅的香氛、经典的手袋，品质上乘的羊绒大衣、健身年卡等，听起来似乎花销不菲，但这些却会成为你为自己投资的资本。当你真的攒到一定数额时，或许还会成为一笔不小的“惊喜”。

5. 养成记账习惯

你会不会有这种感觉，收到信用卡账单的时候心头一惊，完全不记得自己买什么东西花了这些钱，甚至还要怀疑是不是信用卡被盗刷。

现在大部分人都没有记账的习惯，尤其是当手机与信用卡支付变成主要支付方式之后，无论花多少钱都是扫一扫、点一点，没有了现金支付时的真实感。其实，想要合理控制消费欲望，记账是一个不错的办法。很多从事金融行业的人依然保持记账的习惯，这样可以清楚地知道自己赚了多少、花了多少。

当你不知不觉地买了太多东西时，账目上的数字会为你敲响警钟，而且记账不只是为了节约，更是培养了自己坚持的习惯。在每天记账的过程中提升了耐心和执行力，顺便再改掉拖延症，何乐而不为呢？

或许有的人会担心记账麻烦，要写又要算，岂不是会变成生活的负担？其实，现在手机上有一些记账软件十分方便、好用，可以轻松帮你完成日常的记录、分类、合算等。另外还有一种方法，虽然花费时间但喜欢的人会对它异常痴迷，那就是“手账”。“手账”不仅可以记录日常开销，还可以通过绘画、文字、拼贴等方式，将自己的生活细节、心情与见闻都记录下来，用另一种方式留下生活中点滴的美好。

Chapter 6

第六章

内在的充实令你更迷人

美人在骨不在皮，优雅的气质足够撑起无惧年龄的美丽。
一个人脸上的痕迹，藏着她读过的书，走过的路，
遇见过的人和岁月里的故事……

第一节
阅读，受益终生的好习惯

有多久没能安静地坐下来，认真地读一本书了?

在追求高效的互联网时代，人们身处于忙碌的生活节奏中，每天被从四面八方涌来的新鲜资讯围绕，丰富的娱乐方式、碎片化的阅读模式让很多人变得不再愿意花费大量的时间去认真读书。

阅读之于人生的种种益处，已经被太多人讲过太多遍，此刻我也不想老生常谈，继续送上更多溢美之词。况且，也有不少人根本就不爱读书，强迫阅读对他们来说简直就是一种“折磨”。一位相识多年的男性友人某一次在饭局上兴高采烈地说：“我最近买了一本太宰治（注：日本小说家）的书，特别好。”

听到他的话，我感到非常惊讶，因为在记忆中这个人可是那种上学连课本都不带，除了看漫画以外绝对不可能主动看任何书的人。

“真的吗？你觉得哪里好？”

“随便翻开一页，读几分钟马上就能睡着，对睡眠特别好！”

……

每个人都有选择自己生活方式的权利，多读书固然很好，但不爱读书，也不能算什么错误。在周围的朋友之中，我算是一个喜欢看书且坚持看纸质图书的“守旧派”，但称不上博学，因为我只看自己感兴趣的“闲书”。

小说、旅行、美食文化是我最爱的三大品类，也许和那些世界名著、文学巨作相比，这些都是“清粥小菜”，不值一提。但对于我而言，阅读最大的乐趣是可以带我去看更多有趣的事情，那些无法亲历的历史、未曾踏上的土地、没能品尝的美食、光怪陆离的故事，都可以借由作者笔下的文字在大脑中的“小剧场”里热闹开演。

对于女性与阅读的关系，长久以来一直都存在着一些不太和谐的声音："一个女生读那么多书干什么？最后还不是要结婚、生子？"

在二十出头的年纪时听到这样的话，我会非常生气，认为这是歧视女性的恶毒言语。但现在，我反而理解了有这样想法的人。他们或许并没有恶意，几千年东方文化的传承中已经形成了对女性的惯性认知，"女子无才便是德"。书读得多、眼界与学识增长，形成自己独立的思想与世界观、人生观、价值观，这对于以男性为主导的社会形态来说，会成为一种不安定的元素。

时至今日，女性的力量日益强大，无论男女都可以在社会发展中贡献重要力量。也正是因为拥有了独立的思想，现在越来越多的女性在面对那些不友好的声音时，反而可以一笑而过。

其实，仔细想想，结婚、生子与读书，原本就是互不相干的事情，为什么要套上一个必然的关系呢？尽管不认同这种观念，但可以理解它的存在，这本身就是一种成长。

阅读是一件让我们受益终生的事。世界这么大，每时每刻都有新鲜的事物值得我们去发现，身未动心已远，那些文字会带我们去看更广袤的天地。坚持阅读还会令人更坚定、更自在，内心是充实的就不会轻言脆弱。

如果你现在并不喜欢阅读，不妨试试这 5 个方法，说不定会发现其中的乐趣。

1. 不必盲目跟风，找到自己的兴趣点

一说起读书，很多人就想到买名著，结果拿回家读不了两页就觉得“头大”，从此束之高阁，再也不碰。读自己根本不感兴趣的书怎么可能坚持下去呢？想要培养阅读习惯，一定要找到自己的兴趣所在，花卉养殖、美容护肤，金融理财……任何你感兴趣的内容都可以。不必认为我看的书不如别人看的书“高级”，只有不抵触阅读，才能慢慢找到其中的乐趣。

2. 规划阅读时间，但不要设定数量

坦白地说，阅读的本质是一种休闲娱乐活动，不要将它变成负担。有些人会在行事历上提前设定，强制自己 1 个月读完几本书。然而，这种设定期限与数量的方式往往没有什么意义，像完成任务一样阅读反而会增加焦虑感。

EVER
EVERO
IS THE LUBRI

最好是给自己设定一个固定的阅读时间，比如午饭后、入睡前，久而久之便可以养成习惯。但不要设定阅读的数量，今天想看三页，明天想看三十页都可以，要知道书籍是你最有耐心的朋友，它永远都在那里等你。

3. 记下那些打动你的句子

上学的时候，我们常常要在书本上画重点。现在读书时，不妨继续保留这个习惯。有时候读到一些句子，会不自觉地潸然泪下或是忽然有种醍醐灌顶的清醒感，如果在阅读中发现它们，那将是一个可遇而不可求的惊喜，快将此刻的感动记下来。

我会准备一个本子，用钢笔去抄写那些打动我的话。当心境不同时，再次翻看自己的读书笔记，还会从中得到不少乐趣。而且对于长时间用计算机与手机打字的现代人来说，用笔写字是一种难得的练习机会。

4. 朗读，让阅读变得更深刻

记得小时候的语文作业中常有一项是有感情地朗读课文。

将纸上的文字转化为语言时，真的可以大大提高我们的理解力，并且能够加深对内容的记忆。成年后的我们已经习惯沉默，习惯隐藏自己的情绪。如果有合适的场合，你不妨尝试把文字读出来，不仅能更深刻地记住内容，同时也是一种舒压与表达训练。

5. 寻找可以交流分享的同道中人

如果在读书过程中有心得体会想和他人分享，不妨加入一些读书群体，如网络上的读书交流群、线下的书友会等，都是很好的选择。多和志同道合的人交流更能够培养读书的兴趣，并且在相互交流中也能收获很多的经验和知识。

一个人读书越多，他身上的戾气就会越少。无知者无畏，那些张扬聒噪、夸夸其谈的人并不一定懂得很多，见识越广的人越能意识到自己的渺小，反而会变得低调而谦逊。无须刻意把读书当成一种修行，却在读书中修行了自己的品格。

读书多了，容颜自然改变，许多时候，自己可能以为许多看过的书籍都成了过眼云烟，不复记忆，其实他们仍是潜在的。在气质里，在谈吐上，在胸襟的无涯，当然也可能显露在生活和文字中。[1]

——三毛

[1] 三毛 . 送你一匹马 [M]. 北京：北京十月文艺出版社，2017：17

第二节
健身，如何才能持之以恒

“我这辈子再也不想去健身房了！”

A 小姐坐在我对面一边喝布丁奶茶一边大发脾气，我点开她的微信朋友圈查看，发现她信誓旦旦地宣布自己要开始健身的那条消息的发布时间距离现在不到 3 个月。

“你知道我这个人平时不爱撒谎的，但为了骗健身教练，我把这些年没说过的谎话全补上了。教练总是催我上课、买课程，最后骗他说我怀孕了要保胎，他才放过我。”

A 小姐的话差点儿让我把刚喝一口的咖啡喷出来。要知道她还没结婚，能让一个未婚女士谎称自己怀孕，想必她也是被逼到一定程度了吧。

半途而废的健身，很多人都经历过。为了减肥塑身，为了改变亚健康状态，为了调剂生活的乏味……总之，最开始会因为各种原因燃起心中那股渴望健身的小火苗，但在信心满满地办了健身卡后，发现这一年下来最多的用处就是去健身房洗澡。

健身为什么那么难以坚持？

首先，最直接的一个原因就是运动非常累。从人类最原始的本能来看，没人想让自己处在一个长期劳累的状态里。刚开始健身的时候因为我们满怀激情与期待，所以坚持运动并不困难，但只要时间一长，尤其当生活和工作的压力变大时，运动就会成为一种额外的负担。

“每天加班都要累死了！回家吃饭、睡觉、看电视多舒服？为什么还要去健身房里跳操、‘撸铁’？”一旦产生抵触情绪，我们就会开始给自己找各种理由来放假，一来二去，健身这件事自然也就半途而废了。

其次，如果我们对健身的成果期待过高，但现实却差强人意时，也会因为失望而选择放弃。我们的身体总是特别擅长把能量转化为脂肪随身携带，要想让肥大的肚腩变成紧实的六块腹肌，真的没那么容易。除了坚持锻炼以外，还要控制食欲、改变饮食结构，是一件需要持之以恒的事。所以，别再看那些

“健身一个月速瘦20斤变女神”的文章了。如果你也希望今后能不把健身卡当成洗澡卡来用，以下这些小方法可能会对你有些用处。

1. 别让健身成为压力

有些健身房很爱张贴言辞激烈的标语，譬如“累吗？累就对了，舒服是留给死人的。”又或者是“要么瘦要么死！”每次看到这些可怕的字眼，心里总会感到很不舒服，我们不过就是想来运动运动而已，有必要牵扯到生死吗？

无论做什么，最好的状态是能从中获取快乐与正能量。健身本该是一件积极快乐的事情，当你找到运动的乐趣，进而养成习惯并真的有所收获时，自然而然愿意主动坚持下去。相反，如果它变成了你的压力，逃避也是一定会发生的结果。就像前面A小姐所说的，来自健身教练的压力令她焦虑，于是彻底放弃了锻炼。

在刚开始健身的时候，并不建议你直接购买健身教练的课程。不妨先自己练习1~2个月，一周2~3次即可，以慢跑、拉伸之类比较简单的项目来适应运动的状态。如果感觉有兴趣、能坚持，或者是期望能达到一个目标，再来寻求专业教练的指导。一开始就进入高强度的训练会让人吃不消，而且教练制定的标准一旦你无法达成，也会让自己感到失望。

2. 多尝试新鲜的项目

不管是工作还是健身，日复一日的单调、重复总会让人丧失热情。有些人去健身房会固定一样的程序：换衣服，跑步热身，固定的几个动作的力量训练，做完接着跑步，然后结束，洗澡、换衣服、回家……三五次当然可以坚持，但一直如此，谁都会觉得无聊。

单一的训练不仅使人厌烦，效果也会大打折扣，爱情需要新鲜感来调剂，运动也是一样。跑步跑得烦了，你可以跟大家一起参加健身房的有氧操课或动感单车课；上肢训练做累了，你就试试解锁一些腰部、腿部的新动作；不想举哑铃，你还可以去尝试游泳或者瑜伽……如果你愿意走出健身房，慢跑、登山、骑行都是很好的运动方式。

总之，多开发一些新鲜的项目，会让你更容易坚持下去。

骑行在纳尔逊 Nelson。 供图 / 新西兰旅游局

3. 寻找志同道合的伙伴

很多健身达人都提出过，找个搭档一起去锻炼是一个保持热情的好方法。自己单独训练时可能会很轻易地决定放弃，但如果是和别人一起就会激起自己的责任感，毕竟把好朋友一个人撂在健身房总有些于心不忍。

约上和自己有共同兴趣的朋友，或是加入健身群组一起来训练，能让健身过程变得更有乐趣、更安全。你们能够互相见证卧推的最大重量、平板支撑的最长时间，建立一种良性竞争关系，能让你比自己单独训练时更加刻苦。此外，当你需要完成大重量深蹲这种复合训练动作时，搭档还能帮助你，监督你的动作是否规范。如果能和自己的另一半组成健身搭档，也是一个增进感情的好方法，这样一来你们在生活中将拥有更多的共同话题。

4. 设置阶段性奖励

坚持健身并非易事，想必大家都已有所感触，所以当体脂下降到某个标准、腰围达到理想尺寸的时候，给自己一些奖励是非常有必要的。曾经有研究机构提出，比起从不奖励自己的人，经常奖励自己的健身者达到“美国运动医学院运动标准”的可能性要高1~2倍。

设定阶段性奖励目标是一个很好的办法，但如果犒赏自己的方式是放纵地大吃大喝可不行，不妨把同样的钱拿去买一支新口红或是一双新鞋子。另外，奖励机制也可以设置成很简单的日常模式，比如今天做完50个深蹲之后就可以去看两集新的电视剧。

坚持运动是让人受益终生的好事，不仅能让你拥有优雅、健美的体态，更能让你拥有健康、乐观的生活态度。总之，以自己能够接受的方式把健身这件事长久地坚持下去吧。

第三节
旅行，不只收获美丽风景

你写 PPT 时，阿拉斯加的鳕鱼正跃出水面；

你看报表时，梅里雪山的金丝猴刚好爬上树尖。

你挤进地铁时，西藏的山鹰一直盘旋云端；

你在会议中争论时，尼泊尔的背包客正端起酒杯坐在火堆旁。

有一些穿高跟鞋走不到的路，

有一些喷着香水闻不到的空气，

有一些在写字楼里永远遇不见的人。

出去走走才会发现，外面有不一样的世界，不一样的你。

怀拉拉帕 Wairarapa 的星空。 供图 / 新西兰旅游局

这段充满诗意的文字曾经在社交媒体中流行一时，它所描绘的那些关于旅行的美好场景，深深地击中了整日在办公室中忙到焦头烂额的上班族。

“旅行”这两个字，光是看到就已经让人心生憧憬。离开一座熟悉的城市，去遇见那些未曾亲历的美景，感悟不同的人生，开阔眼界，放松身心，是多么美好的事。

有些人把旅行看作是一场抵抗不满现实的逃离，“好烦啊，不想工作了，辞职去旅行吧！”我已经很多次听到这样的声音。某些书籍或媒体也常常有意无意地把辞职与旅行捆绑在一起，好像去旅行就能得到治愈，能获得不一样的能量。我并不赞同这种观点。旅行本该是一种愉快的享受，它的确可以舒缓压力，但并不是逃避和解决问题的办法，更何况有些行程完全就是一次对脑力、体力、财力的巨大考验。如果指望着靠别处的空气洗涤身心、远离是非、救赎自我，那恐怕旅行回来之后你会失望的，并且还为此花费了一大笔钱。

所以，我并不鼓吹旅行如何能够治愈心灵，而是分享一些实用的小常识，让我们的旅行体验变得更加轻松、美好。

1. 旅行前必须要做的准备

“一场说走就走的旅行”，虽然听起来很浪漫，但事实上并没有那么容易操作。当你决定去旅行，需要先选好目的地，提前预订机票与酒店。如果选择跟随旅行团，这些功课就可以少做一些，但如果选择自助游一定要比对着目的地的地图，并参考网友的真实意见再做决定，因为酒店的位置与条件直接影响着一场旅行的体验。

在出发之前要了解目的地的气温，准备好适当的衣物。

穿舒适的鞋子，运动鞋或者合脚的平底鞋，无论是爬山还是逛街都可以应对。

带一个药包，装上针对疼痛、发炎、晕车、腹泻的药物，以备不时之需，如果你患有慢性病，需要持续用药，一定要带够相应的药物。

出国前，上网查一下目的地的生活用电压，看是否需要提前准备电源转换插头。

租借旅行目的地可用的移动 WIFI，方便随时上网查路线、翻译以及和国内亲友沟通。

准备目的地国家使用的现金和小额零钱，虽然信用卡及手机支付已相当普及，但很多时候还是需要使用现金。到异国兑换可能会产生较高的汇率或遇到语言障碍，最保险的方式还是提前在国内兑换。

把旅行的时间、路线、航班、酒店等信息留给亲友或其他紧急联系人。

2. 乘坐火车、飞机或邮轮

在旅行中我们一定会搭乘交通工具，并且通常会经历不短的时间。在狭小、封闭、人多的空间中，自己的举动很容易影响到别人，做一个模范旅客需要知道这些。

无论乘坐哪种交通工具，一定要坐在事先分配好的位置上，强占座位的行为相信大家都很厌恶。如果因为一些特殊原因，需要和其他旅客调换位置，一定要礼貌地询问对方是否可以。如果对方不愿意也不能强求，毕竟那不是对方的义务。

当你想要调节座椅靠背的时候，一定要缓慢轻放，并且尽量不要放得太低，以免影响到后排乘客的空间。

除非设置了专门的吸烟室，否则公共交通工具上禁止吸烟。

如果带着小孩要尽力照顾好他，不要因为孩子淘气、哭闹而给其他乘客造成困扰。

注意用餐时的整洁，在移动的交通工具上吃饭不可能像在家或餐厅那样舒适，小心别将食物弄得到处都是。

不要对服务人员大呼小叫，有需要可以按服务铃或者举手示意。

乘坐邮轮旅行时间较长，邮轮上常会安排社交活动，如船长舞会。请准备一身合适的行头，可以不必像晚礼服那样隆重，但穿着T恤、拖鞋参加的话未免有些失礼。

3. 享受一场愉悦的海岛之旅

如果希望有一个轻松、休闲的假期，很多人的首选是热带海岛，没有太多景点需要“打卡”，省去了路上舟车劳顿的疲惫。

想要享受一场愉悦的海岛游，也有些需要特别注意的地方。

防晒。众所周知，海边的阳光格外毒辣，为了防止皮肤被晒伤、加速老化，防晒工作一定要做好。紫外线中的 UVA、UVB 会对皮肤造成伤害，其中 UVA 是导致肌肤衰老、胶原蛋白流失，甚至引发皮肤癌的一大元凶，所以要选择 PA+++ 以上的防晒霜，PA 是指防晒产品防御紫外线中 UVA 的能力。SPF 数值主要指防晒时间，在海边、高原等紫外线强烈的地方，最好每隔 2~3 小时就补涂一次防晒霜。

如果你的行程中安排了潜水，那么防晒霜就暂时不能使用了。因为防晒霜中所含有的化学成分会对海洋生物尤其是珊瑚产生严重的伤害。想去潜水又怕晒，那就选择长袖衣服、遮阳伞、墨镜和口罩。

热带海岛的蚊虫较多，驱蚊喷雾和止痒药膏要准备好。无论防晒还是驱虫，如果是罐装的喷雾一律不可以随身带上飞机，必须办理托运。

4. 尊重当地的宗教礼仪与禁忌

很多国家都有自己信奉的宗教或者特别的禁忌，作为游客我们需要有所了解。在进入与宗教相关的庙宇或其他场所，衣着要得体，不穿短裙或吊带衫等露肤较多的服饰，不喧哗嬉闹。即便自己没有信仰，也不要说一些不尊重的言语。

各国都会有一些特别的禁忌，如新加坡禁止吃口香糖、意大利不允许喂鸽子、希腊不能擅自用三脚架拍照等。在旅行前最好在网络上查看一下，或是听从当地导游的意见，以免发生不必要的纠纷，在国外被警察带走可真是一件麻烦事。

喜欢旅行的人心境与眼界会变得宽广，见过了外面的大千世界，愈发觉得自己渺小，也就更懂得谦虚与尊敬。留心观察就会发现，常常旅行的人生活态度也会随之发生转变，他们更加开朗和包容，也在探索未知中逐渐提升了应对问题的能力。

要么读书要么旅行，身体与心灵总要有一个在路上。

秋天的奥塔哥 Otago。 供图 / 新西兰旅游局

第四节
美食，值得“浪费”时间

“不被时间和社会所束缚，幸福地填饱肚子，那一瞬间他变得随心所欲，重获自由。不被他人打扰，无所顾忌，大快朵颐，享受美食的这种孤高行为，正是所谓现代人被平等赋予的最佳治愈。”

看过电视剧《孤独美食家》的人一定会对片头这段独白印象深刻。松重丰饰演的井之头五郎是一位独自经营着进口杂货商店，高而清瘦的大叔。每每在拜访客户之后，他都会信步穿梭于大街小巷之中寻找美食。

就是这样一部几乎没有剧情的电视剧，以舒缓的步调与充满人间烟火气的温暖画面，治愈了无数人的心。很多时候，食物不只可以填饱肚子，还能温暖人心，带来愉悦的幸福感。

开心的时候可以用丰盛的大餐给自己犒赏，难过的时候有温暖的食物陪伴，失落感仿佛也能快点消散。约上三五好友小聚，热热闹闹地吃饭让感情升温；一个人的时候，吃饭是清静的享受，与食物对话，聆听内心的声音。

如果说美食能带来幸福感，那么这种感受对女性的影响往往要高于男性。成年后的男子常因为社会所给予的各种身份与压力，渐渐克制并忽略对于食物的欲望，很多人变得无所谓，吃饭只是为了填饱肚子。但女性则不然，无论什么年龄都可以表现出对于美食的好奇与期待。而餐厅对于女性而言，更是一个十分重要的社交场合。

闺蜜聚会、同事聚餐、情侣约会、商务晚宴、约见客户……饭局的名目可谓是花样繁多，而不同的主题都需要佐以不同的装束和心情去赴约。在外用餐，享受美食之余餐桌礼仪值得淑女们注意。

无论是约会还是商务聚餐，当有男士在场而且对方的态度十分绅士时，一定要礼貌应对。比如当他为你把大衣挂起来时，要面向对方礼貌道谢；当他为你拉开椅子的时候，稍稍欠身顺势坐下并表示感谢；当他为你送上饮料或倒酒时，要从容等待其动作结束后微笑致谢。

在宾客较多或没有人专程为你拉椅子的情况下，尽量从椅子的左侧入座，坐下之后再稍稍欠身自己拉一下椅子，调整好位置。如果随身带着手包，可以放在椅背和自己的后背之间。

桌上的餐巾要等待全员入席、主客分别落座、准备用餐前再拿起来放在膝盖上。如果不得已中途需要离席的时候，餐巾也不要放回到桌子上，而是要放在自己的椅子上，因为当餐巾放回桌子上时就表示你用餐完毕了。

尽管不提倡女士多饮酒，但在高档西式宴会中，葡萄酒是必不可少的佐餐搭配。当有人为自己倒红酒的时候，要把酒杯置于桌子上，手指轻轻搭在酒杯的底部。如果想谢绝倒酒，只要简单地说："够了，谢谢。"千万不要用手捂在酒杯口上。

电影中常常设计这样的桥段,每当要把一位举止粗鲁的“灰姑娘”培训成优雅的公主时，学习用餐礼仪都是首当其冲的重要环节。总而言之，吃饭时动作轻一些、慢一些终归是没错的。吃饭是一件很有意思的事，值得你为它“浪费时间”。在餐桌上不仅能品尝美食，还能学到很多。

今时今日，当我们身处在忙碌的都市生活中，会在有意无意间忽略了“好好吃饭”这件事。加班、熬夜、三餐不规律，点外卖、喝饮料、暴饮暴食，各种不健康的习惯充斥了我们的生活。不少人为了节约时间，用极快的速度胡乱吃饭。我曾见过一个男同事因为赶着出去开会，只用了不到 3 分钟的时间就把 2 个汉堡和 1 杯可乐全吞进肚里。这样不仅影响形象，久而久之更影响健康。美食家蔡澜先生曾经说过：“好的人生，从好好吃饭开始；好好吃饭，就是好好爱自己。”

美人燕　溯源即食燕窝

吃燕窝是一种潮流时尚，来自马来西亚、全程溯源、开盖即食的燕窝，低卡路里、零脂肪，让忙碌的都市人既享受美味滋养，又收获健康。

有些人可以暖心，有些食物也一样，拥有着令人感动的力量。

漂泊的游子会因为吃上一口母亲寄来的家乡腌菜而泪流满面；孤单无助时，有人在自己的碗里多加一片肉就能让人瞬间红了眼眶。

人情浓薄，冷暖自知，唯爱与美食不可辜负。

不论珍馐美馔或是粗茶淡饭，认真对待每一餐，便是对自己最好的宠爱。

第五节
顺应人生阶段变化的生活方式

某一天深夜，手机屏幕上忽然显示一位好友来电，电话接通后，她沉默了一下，问我在干什么，怎么还没睡？听到这个故作轻松的寒暄，我便已经察觉到有些不对劲。

“你怎么了？需要陪你聊聊吗？”

话音刚落，便听到电话那头传来一阵啜泣声，在外人面前一向爽朗、干练的她忽然毫无预兆地哭了起来……她说自己失业了。这份工作收入很好但常常需要加班、出差，她付出了超越以往任何时期的辛苦，牺牲了无数休息时间，但依然被领导认为做得不够好。令她崩溃的不止这些，就在刚才，她无意中发现了男友和别的女生互传内容暧昧的信息，当中还数落了她的各种不好，想要分手云云……

以为大有前途的工作，以为共度一生的伴侣，就这样，忽而之间所有的期待与信任全盘崩塌了。而我能做到的只有倾听与安慰，如果说与她感同身受，恐怕有些牵强，但我还是能体会到这种痛苦，若不是真遇到了跨不过去的槛，谁又愿意三更半夜打电话向别人哭诉呢？

她说这是有生以来第一次感觉自己特别没用、特别失败。对于这个说法我很不认可，毫不犹豫地反驳了她，因为她明明就是一个懂事、上进的优秀女孩啊！

在大都市打拼的人很像拧紧发条的铁皮青蛙，不断想要往前往上跳跃。对于现代女性而言，更是面临着一个前所未有的新局面，充满机会也充满挑战。我们可以和男性一样接受相同的教育、在相同的岗位上辛勤工作，但生活仍然需要女性有更多的付出，柴米油盐、衣食住行、生儿育女、照顾家庭、赡养老人……

一位在互联网公司任职的女性高管曾和我说："我现在根本不敢生孩子，不要说休产假需要离开岗位几个月，就算离开几周、几天，我现在的位置都有可能被顶替。"相信这是很多职场女性都实实在在担心过的问题，怕失去事业，怕职业压力、怕年龄和生育对职业造成影响，更怕变老变丑，变成一个不被重视、庸俗、麻木的家庭主妇……

虽然时代赋予了女性更多独立发展的可能，但我们反而愈发患得患失。

人生如山，高低起落，顺境与逆境都是必然的经历。

每个人或许都有过那种“感觉自己被全世界抛弃”的无助与失落，陷入低谷时，常感觉全世界昏暗无光，而且会消极地认为“人生不如意十之八九”。真的有那么不幸吗？其实还是要怪我们自己，特别容易记住和放大那些不好的情节。

一个人在黑板上写下四道数学题：

2+3=5

9+1=10

6+1=7

4+2=8

旁边的人都在说：“最后一题算错了！”但是却没有人关注他前面写的三道题都是正确的。生活中有些时刻，正因为陷入这种不甘心没拿到满分的执念，才让自己久久难以释怀。当然，追求完美没有什么不对，生活会奖励那些积极努力的人，

但如果只看重结果，不能达到就满腹牢骚、消极抱怨，必然会伤害自己也伤害周围的人。

受不了公司的“996”制度，与其每天唉声叹气、熬夜脱发，倒不如换一个收入少但轻松的工作；买不起和别人一样的名牌包，拎着帆布口袋也可以气定神闲；在大城市生活压力太大，回到家乡发展并非就是坏事。

你可以选择坚持，当然也可以选择放弃，只是要记住：不要只看到别人活得比你好，因为你并不知道别人经历过什么。况且，别人生活状态的好坏跟自己没有任何关系，更不要无休止的抱怨，抱怨不会给糟糕的生活带来任何转机，只能带来满满的负能量。

在佛教中，“舍得”是一个玄妙的词，它们相互对立却又融为一体，有舍方能有得，得即是舍，舍即是得。我一直相信，生命中没有哪一段路是白走的，或喜或悲，沿途总有风景与收获。

即便从结果来看是一段不好的经历，依然能为自己带来成长与感悟。

三毛曾在书中写道："岁月极美，在于它必然的流逝。"[1]越想紧紧抓住不放，越会患得患失，惶惶不可终日。而聪明的女人懂得顺应人生每个阶段的变化，有自己内心的坚持，也明白随遇而安是一种福气。

不慌不忙，在平淡中优雅，在温柔中坚强。

[1] 三毛 . 亲爱的三毛 [M]. 北京：北京十月文艺出版社，2017：196

图书在版编目（CIP）数据

优雅是唯一不会褪色的美 / 李一著. —北京：电子工业出版社，2020.2
ISBN 978-7-121-38299-4

Ⅰ. ①优… Ⅱ. ①李… Ⅲ. ①女性—修养—通俗读物 Ⅳ. ①B825.5-49

中国版本图书馆CIP数据核字(2020)第021673号

责任编辑：张瑞喜
印　　刷：中国电影出版社印刷厂
装　　订：中国电影出版社印刷厂
出版发行：电子工业出版社
　　　　　北京市海淀区万寿路173信箱　　邮编 100036
开　　本：880×1230　1/32　印张：7.5　字数：167千字
版　　次：2020年 2 月第 1 版
印　　次：2020年 11 月第 2 次印刷
定　　价：48.00元

凡所购买电子工业出版社图书有缺损问题，请向购买书店调换。若书店售缺，请与本社发行部联系，联系及邮购电话：（010）88254888，88258888。

质量投诉请发邮件至zlts@phei.com.cn，盗版侵权举报请发邮件至dbqq@phei.com.cn。

本书咨询联系方式：lily@phei.com.cn，（010）68250970。